U0034636

經營顧問叢書 ㊗️

經營顧問叢書 (286)

贏得競爭優勢的模仿戰略

鄧建豪　編著

憲業企管顧問有限公司　發行

《贏得競爭優勢的模仿戰略》

序　言

模仿，是最古老又最先進的學習方法！事實上，我們日常生活中的 95% 以上，都是模仿別人得來的。我們中華民族重視了幾千年的學習，不就正是一種模仿嗎？

人們普遍認為，模仿行為是人見人厭之事，難登大雅之堂，只能在邊緣地帶苟且偷生，本書的目的就是要改變這一思維，並在戰略層面和戰術層面，說明模仿可以登上舞臺中央。當您讀完本書之後，您不僅會明白模仿的價值，還會對模仿的代價和風險有充分的認識。您將明白，模仿本身具備先天優勢，模仿與創新並不是非黑即白、勢不兩立，它們內涵豐富、交錯紛雜，又協作配合、相輔相成。

成功就是使用被驗證後的最有效方法。數百年來，證明企業最**容易成功的公式是「先模仿後創新」**！但是，大部份人不懂得這樣做，他們都用最慢的方法去追求成功——就是自己摸索。自己摸索著，慢慢積累經驗也可能會成功，但即使成功了，也是事倍功半，因為失去了寶貴的光陰和青春。

成功者學習別人成功的經驗，一般人學習自己的經驗。而自己又往往沒有什麼經驗，即使有，也只是一些失敗的經驗。

企業經營中的模仿，就是站在巨人的肩上！最典型而著名的例子，要算瓦特先生「發明」的蒸汽機了，只是，如果沒有紐科曼事

先製造的蒸汽機作為參考，瓦特的蒸汽機是不是能夠改良、發明出來，都是一個問題！因此，瓦特先生很誠懇地說道：「我不是一個發明家，我只是一個改良家。」

大科學家牛頓也說過：「我之所以比前人看得更遠，是因為我站在了巨人的肩膀上。」這不是大科學家的謙虛，而是實事求是的大實話。

貝多芬的音樂創作對近代西洋音樂的發展有著深遠的影響。不過，你知道他的不朽作品是怎樣產生的嗎？他是繼承了海頓、莫札特的傳統，吸取了法國大革命時期的音樂成果，集古典派的大成，從而再創造出來的。特別是《第九交響曲》中的第四樂章《歡樂頌》的合唱，是模仿法國作曲家卡比尼創作歌曲的結果。貝多芬在這裏的模仿，既有音樂風格的模仿，還有作曲技法上的模仿。

成就大業者往往是後來者，偉人不一定都是天生的巨人，但是他們通常都是站在了巨人肩上。站在巨人的肩上，能讓我們站得更高，看得更遠。瓦特、牛頓、貝多芬等具有劃時代意義的前輩們都是透過模仿前人，站在前人成果的基礎，取得了輝煌成就的。

連他們都是透過模仿獲至成功的，那我們呢？

任何人都可以成為偉大的人物。如果他能找到適合自己的榜樣。找出適合自己的路，並一步步循著成功者的每一段路。首先，你要模仿才能成功，更進一步的成功，是你要超過它。

本書引用許多歷史的經驗，中外成功企業的成功史，告訴你「模仿就能成功。」實際上，許多優秀的公司一直都在進行著這樣的努力。

日本公司把貝爾公司發明的半導體專利引進本國後，迅速開發

轉化為各種電子產品如收音機等，然後一舉佔領了包括歐美在內的世界市場。美國同行感到非常吃驚，迅速調研後發現，產品裏的原始技術就來自於自己。

精工錶最早是在瑞士開發出來的。瑞士是製錶大國，但在開發出石英錶以後，卻沒有把它看作是一種時代的進步、技術的進步而繼續發揚光大。日本人很快把這個技術買到手，在 1964 年的第 18 屆奧運會上，日本人把他們開發的石英錶製成奧運會的專用錶。一舉搶佔了市場。

日本企業對借鑑來的原始產品技術進行後續的技術改造以後，甚至達到了爐火純青的地步，幾乎難以辨認何者為模仿，何者為創新。新產品中融入了新的特性，從而更易於使用，解決了顧客的難題，更加符合顧客的需要，同時加工成本還大大降低，產品顯得更有價值。

日本人戰後為什麼會這麼快的強大起來？因為他們善於模仿，模仿外國人的技術，立足之後，然後才是改造、創新。模仿外國人的管理經驗。戰爭以後，日本經濟一片蕭條，但透過購買歐美國家的技術專利，加快了經濟科技發展的步伐，同時日本企業透過模仿好學的精神，令自己的核心競爭力日益提高。

模仿策略確實是世界上風險最低的經營策略，**首先要模仿，「找到標杆，模仿趕超」就是捷徑！然後要持續創新改善，確保有利條件。**

《贏得競爭優勢的模仿戰略》
目　錄

第 *1* 章

我們不必重新發明輪子

　　西方有一句非常著名的話語叫「重新發
明輪子」（re-inventing the wheel）。「重
新發明輪子」，聽起來有點拗口彆扭。這句
話語有點調侃的意味，因為，輪子的問題早
已經解決千萬年了，如果今天有人還在努
力地去發明輪子，不是令人好氣又好笑
嗎？

1

模仿，是最古老又最先進的學習方法

　　成功最快的方法，就是使用被證明有效的方法。但是，大部份人不懂得這樣做，他們都用最慢的方法去追求成功——就是自己摸索。自己摸索著慢慢積累經驗也可能會成功，但即使成功了，也是事倍功半，同時還失去了寶貴的光陰和青春。

　　成功者學習別人成功的經驗，一般人則是學習自己的經驗。而自己又往往沒有什麼經驗，即使有，也只是一些失敗的經驗。

　　戰國時代，政治與軍事鬥爭異常激烈。

　　話說齊昭公死後，世子舍即位。然而，舍的才能與威望都比較平庸。而且又是不得寵的魯女叔姬所生，因此不為國人所敬重。齊桓公之妾密姬所生的公子商人，素有篡位之心，只是由於昭公生前待他不薄，他才沒好意思動手。

　　到了昭公末年，長公子被委託處理國政。公子商人十分嫉妒公子元之賢，認為元是他篡位的主要障礙，於是他便開始招降納叛，收買民心。他一方面慷慨解囊，盡出家財，週濟京城裏的貧民百姓；另一方面招兵買馬，在家豢養了一幫子打手，每天訓練，出入相隨。如此，民眾得到了商人的好處，便都為

他製造好的輿論。商人為篡位奪權創造了很好的社會基礎，下一步就是伺機行動了。

舍即位後，商人就派武士將他刺死，然後自己取而代之。就這樣，商人便順順當當地坐上了齊國國君的寶座，史稱其為齊懿公。

卻說在另一個諸侯國宋國裏，宋昭公的庶弟公子鮑，聽說齊國的公子商人散財收買民心篡得王位，於是自己決心效尤。

宋昭公七年，宋國遇到了多年不見的嚴重自然災害，民眾缺乏衣食。公子鮑便把自己囤積的糧食救濟饑民。他想得比公子商人還要週到，凡是國內七十歲以上的老人。他均讓人定期送去糧食和衣服。而且自己還經常帶上飲食珍味登門慰問。只要有一技之長的人，公子鮑便統統收羅門下，厚加款待。對於公卿大夫，他也不時有所饋贈，宗族內不分親疏遠近，但要遇上紅白之事，他都傾囊相助。公子鮑的這一系列舉動，令宋國舉國上下都希望他能夠當上宋國國君。

待到估計民心差不多已倒向自己，奪權的時機業已成熟時，公子鮑便趁宋昭公出獵的機會，在宋襄公遺孀襄夫人的支持下，追殺了昭公，坐上了宋國國君的交椅。

仿效齊國公子商人，使得宋國的公子鮑如願以償。

走一條從來沒有人走過的新路，總是要比走別人已經走過的舊路要慢的。看清楚自己眼前要走的路，尤其是留意別人怎樣走同樣的路，一定會有讓你受益無窮的地方。總有一些路，會值得你走下去，令你更靠近成功。

　　你不用摸著石頭過河，預先知道石頭在那裏，就可以幫助你節省大量時間。你什麼都可以賠得起，但你惟一賠不起的是時間。每個人生命的長度都是有限的！

　　模仿，是最古老而又最先進的學習方法。事實上，我們日常生活中的 95% 以上，成功者處事行為的 95% 以上，都是模仿別人得來的。幾千年的學習，不就是一種模仿嗎？

　　人類從有意識起，就對自己週圍的事物進行觀察和模仿，這是人的一種本能。古希臘哲學家德謨克利特曾說過：「在許多重要的事情上，我們是模仿禽獸，作禽獸的小學生。從蜘蛛，我們學會了織布和縫補，從燕子學會了造房子，從天鵝和黃鶯等歌唱的鳥學會了唱歌。」

　　而我們提倡的「模仿」，就是把被模仿者最核心的東西學習到手，融入到自己的行動中。它是一種既學其形更學其神的學習方法，是一種學到骨子裏的方法，是抓住被模仿者靈魂的方法。超級模仿的最高境界叫做複製，直接就是「拿來主義」。

　　紅透半邊天的亞洲小天王周傑倫的新專輯《十一月的蕭邦》一問世，便又成為華語音樂的一大熱點。而在這些新聞裏，最熱鬧的是：有人「考證」，周傑倫的新歌抄襲了別人的曲子！並且指名道姓地點出是抄襲了那國那位歌手的作品。緊接著，周的「粉絲」們也不甘示弱，舉出同樣專業、確鑿的證據，說明周傑倫並沒有抄襲別人，充其量只是模仿借鑑而已。

　　儘管周傑倫的反對者和支持者們都信誓旦旦、言之鑿鑿地相持著，然而，周傑倫們早就知道，我們的音樂長期以來一直都是模仿

歐美先進的音樂風格，這甚至已經成為了行業規範。我們的華語 R
& B、華語 JAZZ，中式 HIP-HOP，中式 PUNK 等等，從本質上
來說，都是一種受到廣泛認同與追捧的集體模仿甚至是複製大行動，
且已持續多年，製造者與消費者都各得其所，樂在其中。還有，音
樂就那麼 7 個音符，要衡量其是抄襲還是模仿借鑑。並不能像
ISO9000 標準那樣，可以很量化地去定性，去認證。事實上，在今
日樂壇，擁有眾多歌迷並賴 R & B 以成名的周杰倫，無疑已是將「超
級模仿」發揮得最出類拔萃和特色鮮明的。而透過模仿再結合自己
的特點，他現在成為了華語音樂人中相對而言最成功的一位。

然而，有些人常常習慣於沉溺在自我摸索之中，而不屑於觀察
和模仿別人。可惜，這樣做的結果往往極易使自己失去借鑑別人先
進經驗的機會，最終吃虧的還是自己！

心得欄 _

_ _

_ _

_ _

_ _

_ _

2

我們不必「重新發明輪子」

在是否模仿他人的態度上，西方有一句非常著名的話語叫「重新發明輪子」(re-inventing the wheel)。「重新發明輪子」，聽起來有點拗口彆扭。這句話語有點促狹調侃的意味，也有點諷刺挖苦的味道：因為，輪子的問題早已經解決千萬年了，如果今天有人還在努力地去發明輪子，不是令人好氣又好笑嗎？

可惜，重新發明輪子的現象，每天都在不斷上演。而每「發明一次輪子」，當然就代表著又一次人力物力財力和時間的耗費。

據《世界新聞報》報導，2000 年 2 月 26 日，印度航太科學家及有關方面的專家在古吉拉突邦的艾哈邁德巴德市召開了一次高層會議，與會者對印度空間研究組織實施月球探測表示贊成。同年 3 月，由特裏凡得朗火箭研究中心和班加羅爾衛星中心的科學家組成的規劃班子成立，開始進行有關月球探測計畫的先期準備工作。印度科學家們計畫花費 9000 萬美元，用於研發登月計畫的可行性。

然而，自從「登月計畫」報導後，印度各方便開始了各種意見的大討論。從民眾和媒體的評論看，此舉爭議極大。持反對意見的科學家指責印度的探月計畫是在「重新發明輪子」。印度理工學院航

太工程系主任穆昆達教授毫不諱言地稱：「這是一項最愚蠢的計畫。別人 30 年前已經做過的事情，印度現在還要吃回頭草。」

有批評家則提出，在印度有一半人口還處於貧困線以下，每天的人均收入不到 1 美元的情況下，印度是否有必要花錢開展人家美國 30 年前就已經做過的事情呢？

有一位做冷氣機生意的印度商人就此問題表示：「探月簡直就是在糟蹋納稅人的錢，如果真想登上月球，可以跟美國人交流，購買他們的技術嘛。但這又有什麼用處呢？政府如果把更多的資源和精力花在老百姓身上，印度會發展得更快。」在一片反對聲中，「登月研究計畫」只好半途而廢。

於是，印度的這次不得人心的登月計畫被世界科技界稱為了「經典笑話」，而在「重新發明輪子」的史冊上，又多了一個案例。

每天，都有很多人在「重新發明輪子」。事實上，超級模仿告訴我們，你不需要摸著石頭過河，只要你願意主動地向「成功過河者」學習，問他們「石頭在那裏？」而不是自己盲目地隨便地去摸，只要你踩著成功者的腳步向前走，你就能以最快的速度到達成功的彼岸。

3

學習大自然：仿生學的威力

　　人類的智慧不僅僅停留在觀察和認識生物界上，而且還運用人類所獨有的思維和設計能力模仿生物，透過創造性的工作增加自己的本領。

　　魚兒在水中有自由來去的本領，人們就模仿魚類的形體造船，以木槳仿鰭。相傳早在大禹時期，古代人觀察到魚在水中用尾巴的搖擺而搖動、轉彎，於是他們就在船尾上架置了木槳。透過反覆的觀察、模仿和實踐，他們把木槳逐漸改成櫓和舵，從而增加了船的動力，掌握了使船轉彎的手段。如此這般的模仿與改進，使得即使在波濤滾滾的江河中，人們也能讓船隻航行自如。

　　鳥兒可在空中展翅自由飛翔。據《韓非子》記載，魯班用竹木作鳥「成而飛之，三日不下」。然而人們更希望仿製鳥兒的雙翅使自己也能飛翔在空中。早在四百多年前，義大利人裏奧納多‧達‧芬奇和他的助手對鳥類進行了仔細的解剖，研究鳥的身體結構並認真觀察鳥類的飛行，從而設計和製造出了一架撲翼機。這也是世界上第一架人造飛行器。

　　上述這些模仿生物構造和功能的發明與嘗試，可以認為是人類

仿生的先驅者，也可以說是仿生學的萌芽。

◎師法自然的仿生學

隨著生產的需要和科學技術的發展，從上世紀 50 年代以來，人們已經認識到生物系統是開闢新技術的主要途徑之一，自覺地把生物界作為各種技術思想、設計原理和創造發明的源泉。人們用化學、物理學、數學以及技術模型對生物系統開展著深入的研究，促進了生物學的極大發展，對生物體內功能機理的研究也取得了迅速的進展。此時模擬生物不再是引人入勝的幻想，而是成了可以做到的事實。於是，在生物學家和工程師們的積極合作下，大家開始將從生物界獲得的知識用來改善舊的或創造新的工程技術設備。生物學開始跨入各行各業技術革新和技術革命的行列，而且首先在自動控制、航空、航海等軍事部門取得了成功。於是生物學和工程技術學科結合在一起，互相滲透孕育出了一門新生的科學——仿生學。

仿生學作為一門獨立的學科，於 1960 年 9 月正式誕生。由美國空軍航空局在俄亥俄州的空軍基地戴通召開了第一次仿生學會議。

那麼，什麼是仿生學呢？

仿生學是指模仿生物建造技術裝置的科學，它是在上世紀中期才出現的一門新的邊緣科學。仿生學研究生物體的結構、功能和工作原理，並將這些原理移植於工程技術之中，發明性能優越的儀器、裝置和機器，創造新技術。從仿生學的誕生、發展，到現在短短幾

十年的時間內，它的研究成果已經非常可觀。仿生學的問世開闢了獨特的技術發展道路，這就是向生物界索取藍圖的道路，它大大開闊了人們的眼界，顯示了極強的生命力。

　　人類仿生的行為雖然早有雛型，但是在 20 世紀 40 年代以前，人們並沒有自覺地把生物作為設計思想和創造發明的源泉。科學家對於生物學的研究也只停留在描述生物體精巧的結構和完美的功能上。而工程技術人員更多地依賴於他們卓越的智慧，辛辛苦苦的努力，進行著人工發明。他們很少有意識向生物界學習。但是，以下幾個事實可以說明：人們在技術上遇到的某些難題，生物界早在千百萬年前就曾出現過。而且在進化過程中就已解決了，然而人類卻沒有從生物界得到應有的啟示。

◎潛水艇的沉浮系統 VS 魚鰾

　　「一戰」時期，出於軍事上的需要，為使艦艇在水下隱蔽航行而製造出了潛水艇。當工程技術人員在設計原始潛艇時，是先用石塊或鉛塊裝在潛艇上使它下沉，如果需要升至水面，就將攜帶的石塊或鉛塊扔掉，使艇身回到水面來。以後經過改進，在潛艇上採用浮箱交替充水和排水的方法來改變潛艇的重量。以後又改成壓載水艙，在水艙的上部設放氣閥，下面設注水閥，當水艙灌滿海水時，艇身重量的增加可使它潛入水中。需緊急下潛時，還有速潛水艙，待艇身潛入水中後，再把速潛水艙內的海水排出。若一部份壓載水艙充水，另一部份空著，潛水艇便可處於半潛狀態。潛艇要起浮時，

將壓縮空氣通入水艙排出海水，艇身重量減輕後就可以上浮。在如此優越的機械裝置幫助下，人們實現了潛艇的自由沉浮。

但是，科學家們後來發現魚類的沉浮系統比人們的發明要簡單得多。魚的沉浮系統僅僅是充氣的魚鰾，鰾內不受肌肉的控制，而是依靠分泌氧氣進入鰾內或是重新吸收鰾內一部份氧氣來調節魚鰾中氣體含量，促使魚體自由沉浮。然而魚類如此巧妙的沉浮系統，對於潛艇設計師的啟發和幫助已經為時過遲了。

◎「回聲定位」聲納系統 VS 蝙蝠、海豚

自從潛水艇問世以來，隨之而來的就是水面的艦船如何發現潛艇的位置以防偷襲；而潛艇沉入水中後，也須準確測定敵船方位和距離以利攻擊。因此，「一戰」期間，在海洋上，水面與水中敵對雙方的鬥爭採用了各種手段。海軍工程師們也利用聲學系統作為一個重要的偵察手段。首先採用的是水聽器，也稱雜訊測向儀，透過聽測敵艦航行中所發出的雜訊來發現敵艦。因為只要週圍水域中有敵艦在航行，機器與螺旋槳推進器便發出雜訊，透過水聽器就能聽到，能及時發現敵人。但那時的水聽器很不完善，一般只能收到本身艦隻的雜訊，要偵聽敵艦，必須減慢艦隻航行速度甚至完全停車才能分辨潛艇的噪音，這樣很不利於戰鬥行動。不久，法國科學家郎之萬成功地研究出利用超聲波反射的性質來探測水下艦艇的方法。該方法是，用一個超聲波發生器，向水中發出超聲波後，如果遇到目標便反射回來，由接收器收到。根據接收回波的時間間隔和方位，

便可測出目標的方位和距離，這就是所謂的聲納系統。人造聲納系統的發明及在偵察敵方潛水艇方面獲得的突出成果，曾使人們為之驚歡不已。豈不知遠在地球上出現人類之前，蝙蝠、海豚早已對「回聲定位」聲納系統應用自如了。

　　生物在漫長的年代裏就是生活在被聲音包圍的自然界中，它們利用聲音尋食，逃避敵害和求偶繁殖。因此，聲音是生物賴以生存的一種重要資訊。早在 1793 年，義大利人斯帕蘭贊尼發現蝙蝠能在完全黑暗的環境裏任意飛行，既能躲避障礙物也能捕食在飛行中的昆蟲，但是堵塞蝙蝠的雙耳後，它們在黑暗中就寸步難行了。面對這些事實，斯帕蘭贊尼提出了一個使人們難以接受的結論：蝙蝠能用耳朵「看東西」。「一戰」結束後，1920 年哈台認為蝙蝠發出聲音信號的頻率超出人耳的聽覺範圍，並提出蝙蝠對目標的定位方法與第一次世界大戰時郎之萬發明的用超聲波回波定位的方法相同。遺憾的是，哈台的提示並未引起人們的重視，而工程師們認為蝙蝠具有「回聲定位」技術是難以置信的。直到 1983 年人類採用電子測量器測定出人們可以聽到的音頻範圍為 16,000 週/秒～20,000 週/秒，而蝙蝠發出的音頻可達 2 萬週/秒～20 萬週/秒時，人類才完完全全證實了蝙蝠就是以發出超聲波來定位的。但是這對於早期雷達和聲納的發明已經不能再有所幫助了。

◎飛機機翼加重裝置 VS 昆蟲翼眼

　　另一個事例是人們對於昆蟲行為為時過晚的研究。在利奧那多・達・芬奇研究鳥類飛行造出第一個飛行器 400 年之後，人們經過長期反覆的實踐，終於在 1903 年發明了飛機，使人類實現了飛上天空的夢想。由於不斷改進，30 年後人們製造的飛機不論在速度、高度和距離上都超過了鳥類，顯示了人類的智慧和才能。但是在繼續研製飛行更快更高的飛機時，設計師又碰到了一個難題，就是氣體動力學中的顫振現象。當飛機飛行時，機翼發生有害的振動，飛行越快，機翼的顫振越烈，甚至使機翼折斷，造成飛機墜落，許多試飛的飛行員也因此喪生。飛機設計師們為此花費了巨大的精力去研究消除有害的顫振現象，經過長時間的努力終於找到了解決這一難題的方法。這個方法是，在機翼前緣的遠端上安放一個加重裝置，就可以把有害的振動消除。

　　然而，人類後來發現，昆蟲們早在三億年前就在空中飛翔了，它們當然也會受到顫振的危害，只是經過長期進化，昆蟲們早已成功地獲得了防止顫振的方法。生物學家在研究蜻蜓的翅膀時，發現在每個翅膀前緣上方都有一塊深色的角質加厚區——翼眼或稱翅痣。如果把翼眼去掉，昆蟲的飛行就會變得蕩來蕩去。實驗證明，正是翼眼的角質組織使蜻蜓飛行的翅膀消除了顫振的危害，這與設計師高超的發明何等相似。假如設計師們先向昆蟲學習翼眼的功用，獲得有益於解決顫振的設計思想，就可以避免長期的探索和人員的犧

牲了。面對蜻蜓翅膀的翼眼，飛機設計師大有相見恨晚之感！

　　以上這三個事例發人深省，也使人類受到了極大啟發。人們開始真正地師法自然，不斷地從蜜蜂、鷹、螞蟻甚至某些植物身上獲取靈感，從而導致了仿生學的日益突破和興旺發達。

　　早在地球上出現人類之前，各種生物已在大自然中生活了億萬年，在它們為生存而鬥爭的長期進化中，獲得了與大自然相適應的能力。生物的小巧、靈敏、快速、高效、可抗和抗干擾性著實令人驚歎不已。生物學的研究可以說明，生物在進化過程中形成的極其精確和完善的機制，使它們具備了適應內外環境變化的能力。生物界具有許多卓有成效的本領，如體內的生物合成、能量轉換、資訊的接受和傳遞、對外界的識別、導航、定向計算和綜合等，均顯示出了許多機器所不可比擬的優越之處。

　　由此不禁又想起了那句著名的西方諺語：「你不需要重新發明輪子」。是呀，大自然已經把「輪子」早就發明出來了，我們只不過沒有謙虛地向大自然學習、借鑑和模仿而已。結果，浪費掉人力、財力、物力和時間的，只能是人類自己罷了。

模仿是風險最低的經營策略

對於每個人來說，在有限的生命裏，每天還會面臨著若干不確定性和風險。

無論是個人、企業還是國家，最麻煩最頭疼的事情莫過於要面對各種不確定性與風險。因此，選擇是最考驗管理者(個人的管理者是自己)的一件事。

在這個不確定性急速增加和風險無處不在的世界裏，具備應變能力，以及在劇烈變化的條件下進行選擇和決策，對於每個人來說都極其重要。那麼，我們如何才能對症下藥，控制和降低不確定性與風險呢？且看服裝商人是如何做的。

每年都會有「巴黎時裝週」、「義大利時裝週」之類的服裝展，正當人們在電視上看到那些模特身上最新潮的時裝後的印象猶新時，用不了多久，在市場上就會出現式樣相似的時裝，並隨之銷售到全國各地。於是，錢就比同行對手們更快地賺到了自己的口袋。

他們往往委託國外的親戚在服裝節後，馬上以高價購得新產品，乘飛機帶回，連夜拆開，從裏子到面料，從領口到袖口，從口袋到門襟，一一解剖，然後將式樣圖交給大師傅做出樣板，交給裁剪部

6

你不用摸著石頭過河

　　輪子是人類最早發明的東西之一，也是世界上最重要的發明之一。西方有一句著名諺語叫「你不需要重新發明輪子」，意即對已經被發明出來而且被證明確實有效的東西，人們就沒有必要再從頭摸索。只要適合我們，我們就可以大膽地奉行「拿來主義」，進行快速的移植和本地化改造，為我所用。

　　聰明的腦瓜是寶貴的、有限的資源。當這個世界還充滿著其他有待解決的有趣問題之時，我們不應該被浪費在重新發明輪子這些事情上。作為人類的一員，你必須相信其他人的思考時間是寶貴的——因此，相互間共用資訊，解決問題並發佈結果就成為了一種道義。這樣大家都可以去解決新問題而不是重覆地對付舊問題。

　　同時，我們必須對自己的學習能力建立信心——相信儘管你對某個問題所知不多，但如果一點一點地學習、試探、借鑑和模仿著去做。你最終會比那些自己摸索的人要更快地掌握並解決它。

　　很多時候，你不必重新發明輪子！

　　在模仿與創新領域，西方最有名的一句話無疑是「你不需要重新發明輪子」，在人類已共同走過了數千年的今天，我們在大多數問

題上，都可以找得到解決的答案，因此，我們完全可以找到過河的石頭在那裏，然後迅速過河。很多時候，我們不再需要摸著石頭過河，借鑑與模仿別人已經做得很好的成果，就可以了。

是到了該對「摸著石頭過河」說拜拜的時候啦。

從前，為什麼我們要摸著石頭過河呢？因為我們沒有可以模仿借鑑的榜樣。如果沒有先例，那麼我們完全需要「投石問路」和「摸著石頭過河」。但是，在企業經營上，我們則可以大膽地「師夷長技以制夷」地踩著對方的石頭過河了。例如，美國不是經濟、科技和軍事都很發達嗎？我們要向他們學習，大膽啟用和引進人才，努力把留學的人才吸引回國，努力踩穩人家的硬石頭好好地過自己的河，如此，必定能夠追上美國人。還有，日本、德國不是工業發達嗎？我們要借你們的、買你們的或換你們的石頭過我們的河。反正你們有的是成功的經驗，直接拿過來就可以用，不需要自己再鑽研、研究，無須重新來過。還有在文化方面，我們要學習好萊塢，學習迪士尼，然後，我們要青出於藍而勝於藍，這樣我們就完全可以在文化上「踩著石頭過河」……所以，我們現在早就已經到了該對「摸著石頭過河」說拜拜的時候啦。

畢竟，在「摸著石頭過河」這句指導性的話裏，「摸著石頭」向前走只是手段與過程，「過河」才是最終目的。

有時候，我們需要「摸著石頭過河」，但是，很多時候有很多河流是別人已經趟過多次了，那裏有危險，那裏有可以助我們過河的石頭，他們都非常清楚，這時候，我們就不必再浪費我們寶貴的時間去摸到石頭，再慢騰騰地過河。

　　在很多方面，特別是經濟領域，我們不用再「摸著石頭過河」，看看國外發達的昨天與今天，我們就可以預知我們的明天。

　　讓我們快速行動起來，學習、借鑑和模仿最適合我們的最優秀者。儘快告別「摸著石頭過河」。

心得欄

7

青出於藍而勝於藍

每當說起模仿，就會有人援引「東施效顰」、「邯鄲學步」的例子，把模仿貶得一無是處。從某種意義上說，模仿也是一種進步，模仿就是創新。

創造的輝煌，常使人讚歎不已，而模仿和借鑑卻為一些人所不齒，他們說：「為什麼要模仿別人，借鑑別人呢？要幹就要拿出自己的一套來！」這話聽起來很豪壯，殊不知，如果沒有東施效顰的勇氣，沒有邯鄲學步的追求，連模仿也沒有，更談不上借鑑，而離開了模仿和借鑑，又何來的創新與創造呢？

在提到模仿時，人們很容易想到「邯鄲學步」、「東施效顰」，事實上，真正的模仿，或者說「超級模仿」並不是「邯鄲學步」，而是「胡服騎射」，是「青出於藍而勝於藍」。那麼，什麼是「邯鄲學步」呢？就讓我們先重溫一下「邯鄲學步」這個故事吧。

相傳在兩千年前，燕國壽陵地方有一位少年，不知道姓啥名啥，故且叫他壽陵少年吧。

這位壽陵少年不愁吃不愁穿，論長相也算是中等偏上，可他就是缺乏自信心，經常無緣無故地感到事事不如人，低人一

等——衣服是人家的好，飯菜是人家的香，站相坐相也是人家的高雅。他見什麼學什麼，學一樣丟一樣，雖然花樣翻新，卻始終不能做好一件事情，不知道自己該是什麼模樣，說白了就是沒有自己的主見。

家裏的人非常希望他改掉這個毛病，但是他認為家裏人管得太多。親戚、鄰居們經常說他是狗熊掰棒子，他也根本聽不進去。日久天長，他竟懷疑自己走路的樣子是不是該這樣走，而且越看越覺得自己走路的姿勢太笨，太醜了。

有一天，他在路上碰到幾個人說說笑笑，只聽得有人說邯鄲人走路姿勢那叫一個「美」呀。他一聽，正好對上了心病，便急忙走上前去，想打聽個明白。不料想，那幾個人看見他，一陣大笑之後便揚長而去。

邯鄲人走路的姿勢究竟怎樣美呢？他怎麼也想像不出來。這又成了他的心病。終於有一天，他瞞著家人，跑到遙遠的邯鄲學走路去了。

一到邯鄲，他就感到處處新鮮，簡直令人眼花繚亂。看到小孩走路，他覺得活潑，美，學；看見老人走路，他覺得穩重，美，學；看到婦女走路，搖擺多姿，美，學。就這樣，不到半個月光景，他連走路也不會了。這時，他的路費也花光了，只好爬著回家。

成語「邯鄲學步」的故事，出自《莊子‧秋水》。它比喻生搬硬套，機械地模仿別人，不但學不到別人的長處，反而會把自己的優點和本領也丟掉。

◎超級模仿並非邯鄲學步

模仿別人，相當於是借他山之石來攻自己之玉。無論你想在那一方面創新，或者想做出若干成就，都必須從模仿開始起步。

模仿，關鍵是善於發現別人的長處，尤其要虛心學習和用心研究相關成功者的方法。當你細細地揣摩成功者們成功理念與方法的每一個精彩之處時，便能從中積累到越來越多的成功經驗。當你能夠「會當凌絕頂，一覽眾山小」時，你就能不斷地改變自己的理念，並獲得一種全新的認識。

模仿，不是邯鄲學步，而是要善於把別人的經驗、「巨人」的理論移植到自己的實踐中來，為我所用，融化為自己的東西。模仿成功者的一招一式、一言一行，你便會有盪氣迴腸、豁然開朗之感，從而使事情充滿生氣。取眾人之長而長於眾人，雖令他人覺得似曾相識卻又自具特色，原因是你已經博採眾長，相容並蓄，在模仿中追求到了和諧的融合。

模仿，最終是要學會自己走路，走自己的路。齊白石曾經告誡弟子：「學我者生，似我者死。」模仿，求的不是「形似」，而是「神似」，是在模仿、借鑑、融化的過程中凝結出自己的智慧之花、實踐之果。從模仿起步，創出最適合自己的模式，走出一條「低耗高效」的新路。

佛家悟禪有三個境界：看山是山。看水是水；看山不是山。看水不是水；看山又是山，看水又是水。

這其實也可以說是模仿與創新的三重境界吧。

◎模仿的三個層次

第一個層次：「形」的模仿。這是照搬照抄，依葫蘆畫瓢而已，模仿者其實並不真正理解他們模仿的對象，是模仿的初級階段。

「邯鄲學步」和「東施效顰」就是這個層次，只是學到了別人的形，卻沒有學到神，是一種低層次與簡單的模仿。

第二個層次：「神」的模仿。到這個層次，就開始顯示出模仿者已經具備一定的觀察能力和模仿能力了。例如，在孩子們模仿成年人的動作神態表情等的時候，如果有了即興發揮的成分，便證明他們懂得了如何見機行事，以至於假話、大話、套話張口就來，這值得成年家長們提高警惕，若任其發展下去，他們很可能從起跑線上就要誤入歧途。

第三個層次：「情」的模仿。善於設置相應情境，而且創造性地進行因地制宜的模仿。其實，到了這一層次，已經開始了創新的階段了。

後兩種境界，就是我們「超級模仿」所提倡的層次。

天才者，就是明智的模仿

世界上有好些事情不見得新的就好，比如說你不需要重新發明輪子的圓形。否則，就是徒勞！既然前人已經發明出了輪子，且輪子只能是圓形的，我們就沒有必要去創造一個方形的輪子。接受輪子是圓形這個事實吧，然後，你可以為了自己的車子更加有整體性，模仿別人輪子的形狀，造出四個輪子來。

你的確不必重新發明輪子，很多時候，模仿就可以了。為了便於討論模仿與創新這個話題，我們還需要繼續借助文學藝術這個話題。正如古人所云：「天才者，明智之模仿也。」我們真的很有必要看看，我們的前人是如何對待「模仿」這個令有些人不屑一顧的字眼的。

◎古人發蒙從「模仿」而始

在中國，讀書發蒙離不開模仿古帖，誦讀古文。著有大作《文心雕龍》的劉勰老先生認為：「童子雕琢，必先雅制」。是呀，個人不是游離於社會之外的獨立體，他的風格習慣是要透過學習正確的

「體」來培養的(即「模體以定習」)。模仿之功，積久自顯：「模經為式者，自入典雅之懿；效『騷』命篇者，必歸艷逸之華。」雖然，中國文學傳統也重視一家之體，一家之言，但是獨特風格並不是刻意追求的對象，它是在模仿沿襲的過程中自然而然地形成的。借用李夢陽的話來說就是：「古之人所以始同而終異，異而不嘗不同也，非故欲開一戶牖，築一堂室也。」在中國文學批評史上，後人對「秦漢氣象」、「唐人格調」往往是持肯定評價的。書家畫家詩家樂於模仿，善於模仿，因而常有擬作、仿作。鄭板橋仰慕徐文長，甚至刻圖章自稱「青藤門下走狗」。

◎文學同樣提倡從模仿開始

在西方，古代的修辭學家和批評家也積極提倡詩人模仿研習前人的佳作。

在英國文學史上，模仿之作一度也較為流行，而模仿的作品大都以古典的、外國的作品為藍本。文學家德萊頓對仿作的定義是：「一種比轉述更為自由的翻譯，它以本土的、當代的內容取代外國的、古代的內容。」詹森博士也把仿作稱為翻譯與自創作品之間的文體，它借古說今，恰到好處。而英國 18 世紀最偉大的詩人蒲柏，同時也是翻譯大師和仿作大師。他生活在「奧古斯都時代」，在這個新古典主義的全盛時期，獨創性並不是最高的批評標準。「模仿自然」是蒲柏的文學理想，但是對他來說，自然就是秩序法度。模仿自然就是師法古人。蒲柏在 1733 年至 1738 年之間創作了一系列模仿賀

拉斯的詩作，他說他的書信體詩發表後，喧鬧的責難此起彼伏，只有賀拉斯才能全面地、不失尊嚴地作答。作為英國詩界無可爭議的領袖，當時的蒲柏已經把英雄偶句詩體錘煉到爐火純青的地步，其仿作也是細針密線，曲折多變。賀拉斯也曾說過，若一個人透過巧妙的搭配使舊詞產生了新義，他就可以聲名遠揚。

蒲柏成功地使古老陳舊的語彙陌生化，而這陌生化對當代的社會生活又是如此貼切，於是那些語彙獲得了新的生命。有學者指出，蒲柏的一切詩作都可以稱為仿作，他相信，模仿才是保存並發揚傳統的最佳手段。浪漫主義美學獨尊獨創性，蒲柏的用典之詩漸漸難覓知音。然而到了 20 世紀，他的諷刺詩又恢復了在該文體中的至尊地位。

蒲柏一度名聲衰落，與愛德華・揚格的《試論獨創性作品》(1759)一文有一定的關聯。揚格反對模仿的原則，提出獨創之美才是天國仙境：「蒲柏的崇高詩神縱然也能以荷馬、維吉爾和賀拉斯的顯赫後裔自炫，一個獨創性作家的門第畢竟更為高貴。」揚格還引用了塔西陀評亞歷山大大帝傳記作者克爾提烏斯・魯夫斯的名言：「一個獨創性作家自己生自己，是他自己的祖宗，他能繁殖一大批模仿他的子孫，而騾子一樣的模仿者將死而無後。」

只不過，揚格竭力襃揚的艾迪生並無一大批後嗣，倒是蒲柏可以為有拜倫這樣的追隨者而驕傲。在這點上揚格顯然判斷有誤。

也許，乘此機會大家可以回味伏爾泰的名言：「天才就是明智的模仿；還應該記取，在希臘神話中，司職文藝的九位繆斯的母親不叫天才，也不叫靈感，她叫摩涅莫辛涅(Mnemosyne)，是記憶女神，

追步前人(而勝之)，全賴記憶。」

　　如有勇者站出來模楷十七八世紀的英國諷刺長詩當然更好，因為那是中國文學的弱項。

　　也許，看到這裏，你已經開始瞭解，究竟什麼是模仿，什麼是創新了吧？

心得欄 _____

_____

_____

_____

_____

_____

怎樣站在巨人的肩上

科學研究證實，狼群善於作弄比自己虛弱的獵物。而很少攻擊強壯的動物。狼的這種特性被認為是狼的競爭策略：攻敵之弱。而在經營企業時，「攻敵之弱」也是最重要的競爭戰略之一。而攻敵之弱戰略的最常用手法就是「創造性模仿」。

◎創造性模仿的提出

「創造性模仿」由哈佛商學院教授李維特率先提出。此後，彼得‧德魯克又從戰略高度對其進行了精闢論述，認為創造性模仿是「創造性仿製者在別人成功的基礎上進行再創新」。後來，很多人認為創造性模仿是「無技術發展」的創新，但是德魯克進一步指出：創造性模仿仍然具備創造性，雖然它是利用他人的成功，但是由於創造性模仿是從市場而不是從產品入手，從顧客而不是從生產者著手，既是以市場為中心，又是受市場驅動的，因此，它仍然具有創造性。

宣導「狼性哲學」的企業，往往會把「創造性模仿」作為企業

的重要競爭戰略，透過比創新者更透徹地瞭解新技術與市場需求的關係，創造性模仿能為新技術的應用尋求更準確的市場定位，並借助對新技術的創造性模仿來建立競爭優勢。例如，個人電腦的設計思想最早來源於蘋果電腦，但當 IBM 認識到了個人電腦廣泛的市場前景後，便立即透過創造性模仿推出了標準的 PC 機型，迅速佔領了市場。

　　無獨有偶，手機行業也發生了類似的情況。例如，折疊式手機是由韓國三星公司率先設計出來的，但一些手機廠商，透過「創造性模仿」後來居上，成為了市場領先者。又如，彩屏、攝像手機同樣是由國外公司率先設計，手機廠商的「創造性模仿」也取得了空前的成功。

　　把「創造性模仿」運用得爐火純青的企業家裏，TCL 移動通信公司總經理萬明堅當屬佼佼者。最為人所稱道的創新就是寶石手機，在接受採訪時說，自己是從手錶和鑽石行業獲得啟發，提出了「快慢結合、價值創新」理論，並認為此舉把手機業的「創造性模仿」推向了一個新的高度。

◎創造性模仿的方法

　　「創造性模仿法」是透過模仿來進行創造發明的方法。根據模仿的形式和內容不同，它又可分為：

　　一、機械式模仿。也就是僅把別人成功的經驗和先進方式策略直接地吸收過來，再加以借用的一種方法。這種模仿法往往是在模

仿對象和被模仿者均具有相同條件、相同要求時去進行的。

二、啟發式模仿。也就是在兩者條件不相同的現實下進行的，它往往是在受到其他對象的啟發下借用過來，做出新的創造性的一種模仿。它可以使人們在不同領域中，找到對自己有用的東西而納入自己的應用領域，創造出自己領域中還沒有的東西。

三、突破式模仿，或叫綜合性模仿。即按照自己所創造的結構和系統，從多方面去進行模仿，使被模仿的東西發生質的變化，成為一種獨特性東西的一種方法。

當然，這種「創造性模仿」是一把雙刃劍，運用得好，可以無往不利，否則，就會傷及自己。因此，在運用「創造性模仿」時，也必須要警剔以下幾個問題：

一、「創造性模仿」同樣會引來眾多的模仿者。一個有價值的定位必然會引起他人的爭相仿效，從而使最初的獨特定位喪失。比如，後來國產手機整體下滑，TCL 就認為是由於國產手機的盲目上馬和過熱生產，高度雷同的產品使得市場顯露疲態。

二、模仿，卻缺乏創新。一方面，片面的模仿，表現在核心技術上的缺失，容易使自己受制於人。當手機元器件供應緊張，如液晶顯示幕、晶體振盪器等關鍵元器件緊缺時，很多國產廠商就顯出了創新無力。另一方面，一些關鍵技術也表現出創新不足，如國產手機的按鍵過於複雜、作業系統不夠簡便，都為廣大用戶所詬病。

三、持久的戰略需要做出堅定的放棄。否則容易墜入增長陷阱。很多時候，國產企業更喜歡一哄而上、彼此模仿，今天比拼百萬圖元，明天比拼管道能力，或者比拼代言明星的大牌，但並沒有實現

真正的差異化。而且，這些「創造性模仿」的高手們，往往更不願意去放棄一些東西。

　　事實上，對高科技產業的模仿戰略，戰略大師邁克爾・波特也提出過批評，他認為：在高科技產業中，模仿期經常要比預期要長。陶醉於自身技術革命的企業，在瘋狂砍價的同時往往在自己的產品中融入了過多的性能，他們幾乎從來不考慮取捨的問題。儘管少數幾家公司憑藉自己的優勢取得了成功，但絕大多數企業卻陷入了一場沒有贏家的競賽。

心得欄 -

- -

- -

- -

- -

- -

第 *2* 章

你要有一套複製成功術

　　所謂複製，就是一項生物科學技術；而在企業經營領域，它就是一門技能，可以快速成功，少走彎路的有效方法。

　　透過複製、模仿、效仿成功者及成功企業的方法，來成就自己的有效方法。

1

何謂複製成功

何謂成功？何謂成功人物？成功是否能夠「製造」抑或「複製」？

在成功勵志學之中，專家和學者一直都在試圖揭示「成功現象」背後的本質。從古至今，從西方到國內，凡是在事業上有所成就的人，並沒有什麼超人之處，其成功之道無非是在自己的艱辛努力下，把握住了機遇，並且充分發揮和利用了自己的潛能，不斷「走向成功」。

由此可見，成功不但可以後天製造，更可以去複製。只要擁有成功的基礎，成功就可以無限制地去複製，關鍵是要掌握複製的方式方法。

要掌握複製成功，必須先瞭解什麼是複製？而又什麼是複製成功。

在一般人眼裏，所謂複製，就是一項生物科學技術；而在成功學領域，它就是一門技能——一門可以快速成功，少走彎路的有效方法。

而「成功學」中的複製，是透過複製、模仿、效仿成功者及成

功企業的方法及戰術來成就自己的有效方法。

複製的意義在於傳承和發展。自然、科學和藝術都是如此。此方法快速、準確、省時、省力，不打折扣地完成了複製，為科學、自然、藝術的發展、傳承奠定了雄厚的根基。社會學家研究發現，任何藝術門類都是在複製中求得發展的。也就是說要有道、有根、有源、有據，如同孩子要有娘一樣，知道是從何而來。

成功者的起點與我們一樣平凡，他們的生命卻有著不一樣的光環。複製成功者的方法及戰略，能使我們鏈結夢想，把握未來，實現理想。

複製成功最核心的實質，是融入到自己的行動之中，它是一種既學其形又學其神，並且是行之有效的成功捷徑，而且還是一種學習精髓的方法，是抓住被複製者靈魂的技巧。就像沒有蘇格拉底就沒有柏拉圖一樣，各行各業都有複製的對象，而且尋找優秀「偶像」或向贏家求教的效果是十分驚人的。很多優秀企業之所以能夠由原來的默默無聞到後來的領袖群倫，根本訣竅就是其抉擇者們善於尋找典範，把典範作為榜樣，向贏家不斷學習。

現實生活中，每個人都要為自己確定一個位置，並且要做好自己的定位——你希望自己成為什麼樣的人，你的仿效者是誰，你的靈魂導師又是誰，都要十分明確，否則，成功就遠離了你一步，甚至是百步。

堪稱經營大師的松下幸之助先生之所以如此出色，重要原因之一，就是在他的心目中一直有一個比他更加出色的經營者——曾任美國通用汽車公司董事長的阿爾弗雷德·斯隆。幸之助先生對他的

評價很高，他認為斯隆的確可稱得上是「世界上最偉大的董事長」，在松下幸之助眼裏，阿爾弗雷德‧斯隆就是他的經營導師，就是他的仿效者，更是他在經營中最值得複製的對象之一。

　　卡耐基是這樣說的：「我們常常說『我們做不到』，那是因為我們只是接觸到一般的人，而一般的人都以他們眼下的成就為榮。」所以，你一直都需要一位偉人，並且透過複製，去激勵自己，並且透過複製偉人的優點，去要求自己，並且按照偉人的成就之道去複製自己的成功之路。

　　從歷史上那些成功人士的成功經歷之中，我們可以看出，成功人物無不無時無刻地在鞭策自己接受新挑戰，挑戰自己，超越自己，而後再建立新目標。如果你想在自己的行業裏成為引領潮流的霸主，就必須鐵面無私、公正地評估自己的目標和能力，然後找一個優秀的「複製對象」，作為模仿學習的榜樣，如果你肯努力的話，超越原來的學習「榜樣」也並非天方夜譚。

　　如果你已為你的成功人生邁出了第一步，找到了一個優秀的「複製對象」，那麼接下來的就是要沉靜思考，加以分析，取他人之長補己之短。不盲目地去複製別人，一定要拿出複製的態度。也許有人會問：「複製不就是去模仿別人的做法嗎？也需要態度？」然而成功者對於你的質疑和反問，回答卻是十分肯定的：「不但需要正確的態度，而且在成功之前和成功之後，更需要一個良好的心態。」

　　複製雖是模仿，但它是模仿成功者的理念，而非一般庸人的簡單創造。所以，要想複製成功，我們必須要拿出一個積極而正確的態度：「態度決定一切。」

是的，態度決定一切，決定細節，決定成敗。

從我們哇哇墜世到咿呀學語，父母總是在不斷地、重覆地教我們「爸爸、媽媽」的發音。正是因為在父母親的悉心指導下，我們不斷學習人類的語言，讓我們邁出了會說話的第一步，試想一下，如果父母使勁地教我們，而我們卻一動不動，毫無反應，那我們還會像今日滔滔不絕地說話嗎？兒時的我們不懂什麼叫不達成功永不放棄，但我們卻有著一顆好奇的心，什麼對我們來說都是那麼的新鮮，我們願意去學，去理解，直到學會為止。

現在我們長大了，渴望成功的念頭一天比一天強烈，回頭看看我們走過的路，雖說不是很長，但也精彩。兒時的成長，就是複製，那長大的成功，也是如此。

複製成功就像是父母親教孩子學說話一樣，是個永恆不變的成功法則。需要的是支援。長大後的成功，需要的是我們自己的堅持，堅持不放棄，就能到達成功的彼岸，站在另一個山峰之巔。

小時候，我們都學過寫字，不管是學寫鋼筆字還是毛筆字，我們都要先學臨描，複製別人的字來達到練就一筆好字，就連「書聖」王羲之，也是這樣一步步走到成功的。那麼為什麼有的人能夠成功，並且能夠在同一起跑線上快速跑到了終點，而有的人卻停在了中途，或是轉向了另一條無人問津的道路呢？

這裏就要強調複製的態度——要想成功，複製是前提，但要給複製一個正確的態度：堅持不懈，持之以恆，永不放棄！

王羲之13歲那年，無意間發現他父親所珍藏的《說筆》的書法書，便偷來閱讀。他父親擔心他年紀太小而不能保密家傳，

遂答應待他長大之後再傳授於他。沒料到，王羲之竟跪下誠心地求其父親允許他現在閱讀，他父親很受感動，於是答應了他的請求。他練習書法非常刻苦，甚至連吃飯、走路的時間都不放過，真是到了無時無刻不在練習的地步。每每沒有紙筆時，他就在身上寫，時間久了，衣服都被劃破了。有時他練習書法竟達到忘情的程度。一次，他因練字竟忘了吃飯，家人把飯送到書房，他竟下意識地用饅饅蘸著墨吃起來，還覺得很有味。當家人發現時，他已是滿嘴墨黑了。就這樣，幾十年來鍥而不捨地刻苦練習，終於使他的書法藝術達到了超逸絕倫的境界，被人們譽為「書聖」。

在我們的生活中，每個人很多時候都會面臨著這樣或那樣的選擇：是敢說敢做還是人云亦云，是固執己見還是曲意逢迎，是我行我素還是隨波逐流，是鶴立雞群還是同流合污，是堅持不懈還是半途而廢，是鍥而不捨還是自我放棄，這問題會常常困擾著我們。如果是弱者不僅會選擇放棄自我而甘願服輸，而且會找出很多理由說服自己；如果是強者就會選擇堅持不懈，那怕結果是失敗也要搏上一搏。

「咬定青山不放鬆，任爾東西南北風」，讚美的是堅持不懈、鍥而不捨的精神；「千漉萬淘還艱辛，吹盡狂沙始到金」，同樣提倡的是堅持不懈的精神。神話故事精衛填海、愚公移山傳頌的是堅持不懈的偉大；司馬遷的《史記》、李時珍的《本草綱目》證明了堅持不懈的可貴。這些名句、神話和歷史故事告訴人們一個道理：人生需要一種堅持不懈的精神。複製成功，走一條成功的捷徑更需要堅持

不懈！

　　複製成功需要鍥而不捨，複製成功需要勇往直前，複製成功需要敢想敢做，複製成功需要激情澎湃。猶太學者阿爾伯特‧呼巴德曾說：「沒有一件偉大的事情不是由激情所促成的。」亨利‧福特曾說過：「我們從不把我們所做的事認為是乏味的事情，我們從做事和學習中獲得更多的意義。它讓我們從學習中找到樂趣、尊嚴，成就了我們的成功。」優秀的母親與偉大的母親，優秀的演說家與偉大的演說家，優秀的推銷員與偉大的推銷員之間的差別，時常就在於有無激情。

　　在微軟公司，對於一名員工來講，激情就是生命。憑藉激情，員工不僅可以挖掘內在的巨大潛能，而且還可以培養出一種堅強的個性；憑藉激情，枯燥乏味的工作也會變得生動有趣，激情讓他們充滿活力，培養自己對成功事業的渴望及無限狂熱追求；憑藉激情，感染著週圍的每一個同事、主管，讓他們理解你、支持你，擁有良好的人際關係；憑藉激情，員工更可以獲得老闆的提拔和重用，贏得珍貴的成長和發展的機會。

　　誠然，激情是一種難能可貴的品質。正如比爾‧蓋茨所說：「要想獲得這個世界上最大的獎賞，你必須像最偉大的開拓者一樣，將所擁有的夢想轉化為為實現夢想而獻身的激情，以此來發掘銷售自己的才能。」

　　比爾‧蓋茨所說的「你必須像最偉大的開拓者一樣」，就是一種複製成功的方法，而「將所擁有的夢想轉化為為實現夢想而奮鬥的激情」，則是複製成功時的態度。

　　歷史上許多巨變和奇跡，不論是社會、經濟、哲學或是藝術，都因為參與者投入了百分之百的激情才得以進行到底。拿破崙如果發動一場戰役，他只需兩週的時間就可以順利完成，換成別人則需要一年半載，之所以會有如此大的差別，正是因為他對在戰場取勝擁有無限的激情。

　　鄧尼斯·辛萊克曾是哈佛大學商學院的教授，他曾對 500 家公司做過一個調查，結果顯示：有 80％的員工視工作為苦役，而且迫不及待地想要擺脫工作的桎梏。

　　然而，在很多公司中，激情則是取得輝煌業績的一個重要因素，當新員工在訓練中遇到挫折或失敗的時候，他們絕不會找藉口為自己開脫──比如說自己沒有完全發揮，或是自己的身體狀況不太好等等，而是仔細地審視一下自己。員工都充滿活力，積極地投入到訓練中，從沒出現過磨磨蹭蹭，拖泥帶水的現象。實際上，正是這些因素決定了他們在未來競爭中的勝負。因此，激情對於一個員工來說就如同生命一樣重要。

　　在傑克·韋爾奇看來，激情是一種展示個人價值的品質。

　　紐約中央鐵路公司前總經理佛瑞德瑞克·威廉先生說：「我越老越相信激情是做事成功的必要因素。」成功的人和失敗的人在技術、能力和智慧上的差別與常人並不是很大，但是如果各個方面都相差無幾的話，那麼，具有激情的人將更能得償所願，有所作為。一個人能力不足，但是具有激情，通常會比能力很強而欠缺激情的人更容易成功。

　　激情不能只是表面功夫，必須發自一個人的內心。若激情是裝

出來的，那是不可能持續多久的。保持持久激情的方法之一是定出一個目標，並努力去達到這個目標，而在達到這個目標之後，再定出一個新的目標，再努力去達成。這樣做可以幫助一個人培養激情。

偉大人物對使命的激情可以譜寫歷史，普通人的激情可以改變自己的人生。激情對於成功複製來講，是個加速器；是個加油站；是個強有力的鞭策者。

一位哲學家曾經告訴他的學生，任何時代，財富和成功都流向學習力強大的人身上！「複製」就是學習力，學習力就是「複製」！成功最快捷的方法就是使用被驗證的有效方法！

「寧可在嘗試中失敗，也不願在保守中成功。」在創新的基礎上，同樣要有正確的學習方法。從現在開始，馬上行動，複製成功者的思想及行為，就能收穫成功者的結果和成就。

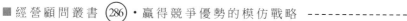

心得欄 _____

_____

_____

_____

_____

_____

2

複製是成功的加速器

　　從理論上講，複製可以為你創造時間，並且可以讓你的財富和智慧得到有效的膨脹。

　　世界第一位潛能開發專家安東尼曾經說過：「別人能夠做到的，你就同樣也能夠做到。這跟你的意願無關，而涉及到你使用的方法，也就是參照那人是怎麼去做的。有些人之所以能達到目標，乃是窮多年之功，歷經無數的失敗，才找出一套行之有效的方法。但是你可別走他們的老路，只要走進使他們成功的經驗中，不需要花費像他們那多的時間，也許要不了多久，你就可以取得像他們那樣的成就。」

　　安東尼曾與美國陸軍簽定了一份關於幫助陸軍進行射擊訓練的協議。他找來兩名神射手，並找出他們在心理及生理上的異人之處，建立正確的射擊要領。隨之對新手進行一天半的課程訓練。課後進行測試，所有人都及格，而列為最優等級的人數竟是以往平均達到人數的 3 倍。

　　複製，只要你想，審定自己，找準典範，就可以馬上行動，重覆成功者走過的路。用不了多久，你就一定會成功。複製不僅為你

節省時間，更為你延長生命，讓你的一生可以做更多的事，完美體現你的人生價值。

　　創業也如此，有的人認為，創業很艱難，望而卻步。其實做每一件事都沒什麼難的，每一個我們所希望的結果，都有可能實現。關鍵是，只要你想。我們就說創業，它就像是小孩學走路，需要從零做起，從零做起的關鍵就在於學會複製。

　　陶華碧在龍洞堡學校門口擺小攤賣涼粉米豆腐的樸實婦女，她沒有上過一天學，就連自己的名字，都是兒子成人後手把手教她寫的。她樂於助人，好施恩德，並不富裕的她還經常接濟附近一所學校的一名貧困生，感激之下，學生叫她「乾媽」。久而久之，週圍的人們也都親切地叫她「老乾媽」。

　　後來她研製的產品──豆豉辣椒系列，「老乾媽」非常暢銷，一舉奪得「油辣椒」領域龍頭老大的位子。如今，她已是貴陽老乾媽風味食品有限責任公司的董事長，擁有 2000 多名員工，年產值 8 億多元，2002 年企業納稅排名第五名。她開發的產品，覆蓋了全國的所有省份，遠銷歐盟、美國、澳大利亞、日本、韓國等 20 多個國家和地區。

　　就在「老乾媽」問世不久，市場上出現了一個跟「老乾媽」非常相似的「老乾爹」。「老乾爹」在「老乾媽」的影響下銷量也相當可觀，輕而易舉地贏得了同一市場的一份羹。並且，成功複製了「老乾媽」之後的「老乾爹」，同「老乾媽」一齊被確定為《油辣椒》國家標準，並享有自主知識產權的全國辣椒製品行業第一個國家標準，老乾爹就是複製模仿老乾媽。

　　基於這樣的例子，生活中隨處可見。和合谷複製吉野家，吉利複製夏利，通田閣蘿複製上海大眾 POL0，北京現代禦翔複製廣本雅閣，雙環 CEO 複製寶馬 X5……他們均以最短的時間達到了自己的預期理想。

　　複製說起來簡單，但要做好也並非易事，不是一兩下就能完成的，它需敏銳的洞察力。找準我們的榜樣，直接複製他們的成功，便會加速我們的成功步伐。

　　直接的複製，就是複製的對像是什麼樣，複製出來還是什麼樣，標準是越真實越好，越像越好，能亂真則更好。直接複製的優點是簡單、省事，有「軌」有「道」，而且效果顯著。先入門再求發展。如虞世楠、馮承素、褚遂良所臨的《蘭亭序》摹本，就屬於直接的模仿。

　　譬如，我們要學好英語發音，就反覆聽語音磁帶，一遍遍地模仿，直到練成為止；我們要想寫一筆好字，也要反反覆覆地練習臨摹，直到可以脫離摹帖為止；學習游泳，我們也要模仿教練的每一個動作。只有模仿力強的人，才能迅速把別人有價值的東西拿到手，而後成就自己。

　　就像肯德基、麥當勞，他們的成功除了具有速食的魅力外，最主要的成功在於他們的經營模式——特許經營。「特許經營」是指特許者將自己所擁有的商標(包括服務商標)、商號、產品、專利和專有技術經營模式等以合約的形式授予被特許者使用。被特許者按合約規定，在特許者統一的業務模式下從事經營活動，並向特許者付相應的費用。簡單地說，它就是讓人們以極少的代價，在最短的時

間內，直截了當地複製成功的經營模式從而獲利。

像很多餐飲業、服裝業、汽車行業、零售業等，都是複製了海外的這種「經營模式」，從而使自己的企業規模越來越大，甚至遍佈全國，產品遠銷海外。如大家所熟悉的美寶蓮、雅芳、阿哎哎、4S店、呷哺涮吧、和合谷等眾多知名企業都是直接複製了肯德基、麥當勞、可口可樂的「特許經營」模式而取得成功的。

直接複製不需要自造輪子，只要複製成功者的成功路徑，成功方法就可以。你需要的是善於觀察與持之以恆的信念。

經常會聽到有人這麼說：「行家是對手，行家是死敵。」萬事無絕對，強者可以作為我們的一面鏡子，在看清強者本身的同時，也可以照亮我們自己，那就是直接複製他們的優點，決勝之本就是先找到成功之根。

著名服裝設計師安妮特，在還沒有成就的時候，曾到美國紐約市第五大街的一家女服裁縫店打雜。在她打雜期間，每天開始工作之前，都要對著試衣鏡，很開心、很溫柔、很自信地微笑。雖然當時她的經濟很拮据，只能穿粗布衣裳，但她總是反反覆複地模仿她的老闆，假設自己已經是身穿漂亮衣服的夫人，在待人接物時落落大方，彬彬有禮，深受那些女士們的喜愛。她雖然只是一名打雜女工，但正是因為她的模仿入神，總是有用不完的激情去做每一件事，對工作盡心盡責，仿佛那裁縫店就是她自己的，因而深受老闆信賴。

不久，許多客戶開始在女老闆面前說：「這位小姑娘落落大方，真是討人喜愛，她是你這店裏最有頭腦、最有氣質的員工

了。」女老闆對安妮特也很是喜歡，好像從安妮特身上看到了自己的影子，一舉止，一投足，一顰一笑等等。不久，女老闆就把裁縫店交給安妮特來管理。光陰荏苒，安妮特憑藉自己的努力，不再是當初的女雜工了，她有一個響亮的代稱「著名設計師安妮特夫人」。

成功就在我們眼前。安妮特可以憑藉複製老闆娘的氣質，加以不斷練習，而贏得大家的喜愛，從而順利快速成就了自己的事業。從安妮特的例子中，我們可以看出，複製可以為你的成功加速，為你插上翅膀，飛越溝壑、險灘。

複製加速了我們到達山峰之巔的速度；複製避免了我們走無謂的道路；複製為我們爭得了寶貴的時間；複製讓成功之光變得更加耀眼，吸引我們前行。

心得欄 _____

_____

_____

_____

_____

_____

3

複製是通往卓越的捷徑

　　複製是通往卓越的捷徑，不單單指的是要瞭解前人的優秀品質，更為重要的是要認清自己，讓自己從現實之中走出來，然後再走進成功者的生活，複製他們的成功道路。如此說來，培訓也是一種複製，聽別人的演講成就之道更是一種行之有效的複製成功。

　　湯姆‧霍普金斯，這個名字對於你來講並不陌生吧，他被譽為「世界上最偉大的推銷大師」，是全球推銷員的典範，曾接受過其訓練的學生在全球超過 500 萬人。現在我們就來一起解讀一下湯姆‧霍普金斯是如何功成名就的。

　　湯姆‧霍普金斯不像大多數孩子那麼幸運，因為家境貧窮，湯姆‧霍普金斯大學未畢業就輟學了，之後便在建築工地上扛起了鋼筋。在如此條件堅苦的環境下，湯姆‧霍普金斯並沒有放棄理想，聽命於命運的安排，他相信世上一定會有更好的謀生手段，並開始嘗試進行銷售。初踏入銷售界的他，一切並未像他想得如此簡單，他在嘗試中失敗，在失敗中不斷嘗試，6個月的銷售生涯，他屢遭敗績，窮困潦倒，於是決定把最後的積蓄投資到世界第一激勵大師金克拉組織的一個為期 5 天的培

訓班，進行學習。

湯姆‧霍普金斯萬萬沒想到，這 5 天的培訓竟成為他生命的轉捩點！在之後的歲月中，他潛心學習鑽研心理學、公關學、市場學等理論，結合現代推銷技巧，在短暫的時間裏獲得了驚人的成功。他成為地產界平均每年房屋銷售最多的業務員，平均每天賣一幢房子，3 年內賺到 3000 萬美元，27 歲就已成為千萬富翁。至今，湯姆‧霍普金斯仍是吉尼斯世界記錄的保持者。

被公認為「銷售冠軍的締造者」湯姆‧霍普金斯目前已是國際培訓集團的董事長。他每年出席全球 75 次研討班，向全世界渴望成功的奮鬥者傳授銷售知識，分享自己畢生的成功經驗。縱覽全球銷售培訓課程，大都來源於他的銷售培訓系統。陳安之成名之前，曾向湯姆‧霍普金斯學習推銷之道，結果陳安之成為現在的華人推銷訓練大師。湯姆‧霍普金斯對陳安之的評價是：「在我過去 35 年裏 300 萬學生中，陳安之是最優秀的。」

事業的成功是靠自己去努力的，但也需要有人指引，這樣才能少走彎路。

從湯姆‧霍普金斯的平庸到優秀，再由優秀到卓越的成功，我們不難看出，要想快速成功，做事就要更加執著，不輕言放棄，失敗了不是最可怕的，一蹶不振才可怕。金克拉 5 天的培訓就能改變湯姆‧霍普金斯的一生。成功複製優秀者的成功法則及思維模式，是讓我們通往卓越的一條捷徑。

現實中，我們所承受的，往往更多的是失敗，成功似乎總離我們很遙遠，成功人士似乎也總是寥寥無幾。成功者之所以能夠快速

成功，是因為成功者都學會並運用了「複製成功」的理念，而失敗者往往是複製以往的失敗者的理念，換句話說，失敗者沒有學會運用複製成功的理念。

由此可見，學會複製，對於成功來講勢在必行。複製會帶你飛往卓越；學會複製，複製不再使你的理想停留在空想階段；學會複製，複製成功指引你實現理想，品嘗現實勝利之果。

心得欄 ----------------------------------

4

複製是創新的源泉

　　陳安之曾說：成功最重要的秘訣，就是要用已經證明有效的成功方法。你必須向成功者學習，做成功者所做的事情，瞭解成功者的思考模式，並將其運用到自己身上，然後再以自己的風格，創出一套自己的成功哲學和理論。

　　明智的複製就是一種標杆學習過程，首先要找到標杆成功的要素、指標，這裏面包括兩個要素：一個是關鍵成功因素，另一個是關鍵績效指標。近幾年來，聽到最多的一個詞就是「創新」、「只有創新，才會有出路」、「創新是成功的基礎」等一系列有關於創新的重要性。創新固然很重要，大家說的也很對，這不必否認。但有多少人想過，如何才能創新，是要自己的「閉關修煉」，還是終日的冥思苦想……

　　有人曾說：「創新才是企業的發展之本。」那麼，戰略複製對企業來講，是否是一個的機會點？

　　可以肯定地告訴你，這不只是一個機會點，而是一種非常有價值的選擇。

　　被譽為「日本的發明王」的豐田佐吉。他的一生中取得了

84 項專利,並創造出 35 項最新實用方案。他發明了「聰明織布機」,無論是經線還是緯線,只要有一根斷線,織布機就會自動停下來。他的發明打開了自動紡織業的大門,使得 1 名操作者可以同時看管幾十台紡織機。直到 100 年後的今天,這種裝置仍然被大型織機所沿用。

1930 年,63 歲的豐田佐吉去世。他留給子女的是一家擁有近萬名員工的、欣欣向榮的棉紡廠。在當時,人們都認為他的子女們應該從此過著無憂無慮的田園生活,但是這種設想被豐田喜一郎打破了。他沒有像人們所想像的那樣靠吃祖業,過無憂慮的生活,而是創建了豐田汽車公司。

豐田佐吉去世以後,公司總裁的職位由豐田喜一郎的妹夫豐田利三郎擔任。當時他與豐田利三郎在很多問題上都有分歧。後因豐田喜一郎的一再堅持終於獲准設立汽車部,豐田利三郎將一間倉庫的一角劃作汽車研製的地點。豐田喜一郎以此為基地,於 1933 年 4 月購回一台美國「雪佛萊」汽車發動機進行反覆拆裝、研究、分析、測繪。5 個月後,豐田喜一郎著手試製汽車發動機,拉開了汽車生產的序幕。1934 年,他托人從國外購回一輛德國產的 DKW 前輪驅動汽車,經過連續 2 年的研究,於 1935 年 8 月造出了第一輛「豐田 GI」牌汽車——也是日本第一輛國產汽車。根據流體力學原理,這輛樣車採用了流線型車身和脊樑式車架結構,配以四輪獨立懸架構成了一種全新的車體機制,最高時速達到 87 公里。

為了他的「汽車大王」之夢,豐田喜一郎還遠赴美國學習

亨利・福特的生產系統。歸國時，他已經完全掌握了福特的傳送帶思想，並下定決心在日本小規模汽車生產中加以改造應用。

豐田喜一郎對汽車工業做出了很大的貢獻，最為重大的一項是他摸索出了一套對汽車生產過程進行科學管理的方法。他將全公司的工廠結構進行了調整，實現專業化。將工廠內部的生產結構進行了調整，使其適合於專業化生產。以汽車總裝廠為中心，把社會上零散的零部件廠組織起來，有計劃地把自己的生產需要同他們的技術結合起來，利用外部訂貨的方法，實行零部件生產的擴散，創出了後來一度風靡全球的「豐田生產方式」。今天，「豐田生產方式」已成為世界許多國家爭相學習的先進經驗。

「不是照搬美國，而要結合本國國情創造性地運用批量生產方式，生產出性能和價格兩方面都能與外國車抗衡的國產車。」這就是豐田喜一郎在全力以赴開發日本第一輛國產汽車時。

任何一個企業進入市場時，都要去選擇發展的方向和商業經營的思路。有兩種方法：一種是待在家中冥思苦想，另一種是去模仿。模仿的過程本身就是一個考察的過程，按照孫子的話「知己知彼，百戰不殆」。如果用我們的話來說，複製就是創新的源泉，創新的快速捷徑。創新不是非要另外立一個東西，只要能對你過去的做法進行一種改變，而這種改變又能帶來一種績效，就可以是一種創新。

就算是拼死也要做出全新音樂的爵士巨擘邁爾士・大衛斯(Miles Davis)，也是將教會音樂旋律、放克(Funk)及搖滾等音樂

的元素置入爵士樂，以這樣的方法來求新求變。

　　同樣的道理，工作講究的是實際效果和低成本，如果用一般的方法能實現同樣的效果，那麼為什麼還要花時間和精力去想一個有「創造力」的方法呢？而且，一般來說，要實現真正有實用價值的創新並不是那麼容易辦到的，這需要從複製做起！因此，首先要懂得標新立異的必要性，然後還要懂得創新與複製之間的關係。

　　一個成功的企業家在講述他的成功秘訣中說到：「不知出於什麼原因，我們經常聽到人們提倡創新有多麼好，卻從來沒有人提起模仿其實也是一樣的重要。事實上，我們日常生活中95%以上的創新，都是複製別人得來的！沒有複製，根本不可能創新；不懂得複製，也肯定不懂得創新！創新幾乎無一例外地要在原有的基礎上創新。不去複製，創新就沒有根基；未先複製，創新也一定是盲目的。」

　　《易經》有云：「窮則變，變則通，通則久。」複製可以是一成不變的模仿，照搬原物仿製；也可以是變通之後的創新。我們要成功，要持久立於不敗之地，就要在得到別人的寶石基礎上擁有自己的一顆鑽石。

　　複製與創新是相互對立的，又是缺一不可的。「站在巨人的肩膀上可以看得更遠，跟著巨人的腳步可以走得更快」，複製可以加快創新的步伐，減少創新的失敗幾率，「成功的複製就是一種自我創新」。

　　但是我們必須看到，每個企業都有自己獨特的地域條件、產品特點，他們的成功不僅僅是在拷貝這些企業的戰略基因。同時在知己知彼的情況下，創造了自我個性，顯現了原創風格。

　　在複製的基礎上，我們要做的，是吸取其精華運用於實踐中，

追求的是形似且神似。

　　《孫子兵法》是婦孺皆知的兵書，然而日本松下、東芝等著名企業採用其計謀，成功地打入國際市場，「兵書」變成了「商書」，成為「克敵制勝」的法寶。因此，這不是簡單的複製，而是在根本思想、重大策略上複製已有的成功的思想策略。基於複製的創新，為趕超先進的企業帶來「後發優勢」。

　　「魔鬼存在於細節之中」。為什麼細節會成為魔鬼的棲身之地呢？因為人們經常會忽略了細節的存在，從而讓魔鬼有了可乘之機。其實，面對於「複製創新」這個在企業界裏非常時髦的字眼，又何嘗不是存在於細節之中。在一些人的錯誤觀念裏，創新是始於宏偉的目標、終於備受矚目的結果，而漠不關心的細節反而成了制約創新的「魔鬼」。

　　可是在國內，許多企業在尋求創新時，總習慣於求大求全，卻很少有「於細微處見精神」的細心和耐心。

　　日本豐田公司的經驗也證明，透過細節的創新可能實現對整個企業的持續不斷的改善，從而獲得巨大的成效。雖然每一個細節看上去都很小，但是這兒一個小變化，那兒一個小改進，則可以創造出完全不同的產品、工序或服務。

　　「不積畦步，無以致千里；不積小河，無以成江海。」萬事開頭總要邁好第一步，有個好的開端，就會有足夠的勇氣及精力去完成下一步。複製成功者的路徑，加以變通，就是自我創新。

　　有句古話──「追比聖賢」。聖賢，是每個人都想複製的對象，這並不希奇。就像蓬勃發展的成功企業是每個小企業、無名的小公

司所複製的對象是一樣的。

「搜索引擎」，現代人使用率極為頻繁的一項網路工具，作為它的初創者——Google，有多少個企業曾一度複製 Google 的經營模式，像微軟、雅虎也花費不少資金收購或者研發搜索引擎，但最終還是敗下了場，浴血奮戰的結果卻是，連與其平分秋色幾乎都不可能，更何談超越問題呢？

Google，從來都不懼怕別人去模仿，甚至會把自己準備推出的業務都放在 Google 實驗室裏讓你去模仿，國外的微軟、雅虎，國內的搜狐，新浪，網易與中搜也即將加入到這場浴血大戰之中，可是又有幾個能靠複製 Google 而跟 Google 一樣有名氣的呢？

當然百度可以說成功了，問題是百度的技術是無法媲美的，論搜索也只有 Google 與百度可以令人相對滿意了，其他幾乎可以忽略不計。其實百度成功的原因不僅僅是在於他的技術，最關鍵的還是在於複製後的小小創新。百度的成功，就是找到了 Google 的突破口——以 MP3 搜索作為與 Google 的差異化，從而取得成功，與 Google 平分秋色。

創新者擁有先進的理念，敏銳的眼光，而先進的理念，來源於向先進者學習，也就是把別人的核心理念複製並融入到自己的思想體系中，而後在根據自己在複製過程中的摸索及掌握程度加以分析，從而創造另一個新成功巔峰。所以說創新離不開複製。複製是創新的基石，複製是創新的源泉。

5

複製古人智慧是企業法寶

　　人才，是人類最寶貴、最有決定意義的財富。有人作過這樣的比喻：一個國家民族的振興、經濟的騰飛需要有兩個飛輪：科技和管理，兩個飛輪的軸心是人才。然而，人才的發現和使用並非輕而易舉的事。

　　古代老子說過，成才不難，用其才則難。學會複製，學會效仿，我們就能將複雜簡化，將難變易。

◎劉備的三顧茅廬

　　想必大家都聽說過劉備三顧茅廬請孔明的典故：在劉備建立蜀漢大業之初，求才若渴。一日，劉備得知諸葛亮孔明素有雄才大略，乃當世之賢，便想請其輔佐，以匡扶大業。劉備素與關羽、張飛二人情同手足，於是他便備禮與關羽、張飛兄弟三人同往隆中拜訪諸葛亮。

　　他們第一次前往隆中——諸葛亮的住處時，只見到守門童子，卻未見到諸葛亮。遂向童子詢問諸葛先生何在，童子回之：「諸葛亮

先生清早便已外出，蹤跡不定，不知去往何處，也不知何時歸來。」
劉備兄弟三人撲了一場空兒，只好高興而來掃興而歸。

過些時日，劉備兄弟三人再次前往拜訪諸葛亮，為避免撲空，
劉備特使人前去探察，回者報說諸葛亮先生確已回家。當時正值寒
冬，北風呼嘯，大雪紛飛，天寒地凍。他們頂風冒雪來到隆中臥龍
崗。那知在家的卻是諸葛亮之弟諸葛均，又未得見諸葛亮。無奈，
劉備便當場要來紙筆，親手寫下一封信，說：「劉備久慕先生高名，
兩次前來拜見，都未得見先生而空回，無限惆悵失望。」還懇切陳
述了自己憂國憂民之心，仰慕先生大才，表述了再來求見的願望。

次年春季劉備等三人再次前往隆中拜謁諸葛亮，臨行前，劉備
擇吉期、更新衣、齋戒二日。當時，關羽認為以劉備的身份，兩次
前往拜謁，其禮已過，並猜想孔明是徒有虛名而無真才實學，故意
避而不見。張飛更不耐煩，直說不用劉備去，他自己去將其用一條
麻繩捆來便是。而劉備效仿古代齊桓公及周文王敬賢士之風，開導
兩位義兄弟，並勸服二人再次前往。這次孔明雖在，但守門童子卻
說先生在草堂上晝寢未醒。劉備不忍打擾，不讓通報，竟恭立階下
一個時辰，這位臥龍先生見劉備如此懇切才起身下堂，接待了劉備。
於是，二人暢說天下大勢，詳細分析各方勢力的現狀與發展趨勢，
並為劉備謀劃了南取荊州、西據巴蜀、聯吳抗曹、三分天下、進而
一統天下的決策。

這就是歷史上著名的「隆中對」。劉備聞言，頓首拜謝不已，並
誠心懇請諸葛亮出山相助，以致「淚沾袍袂，衣襟盡濕」。孔明感其
至誠，當即表示「願效犬馬之勞」。爾後，二人同歸新野，劉備待孔

明如師，食則同桌，寢則同榻，朝夕請教，並委以重任，拜為軍師。孔明也未負劉備三顧茅廬禮待之恩，終於輔佐劉備，先取荊州，後奪西蜀，最終建成王業。

劉備所成大業，在於識人、用人。科技發展需要人才，企業成長需要人才，作為管理者、領導者，要知賢善用。事業的成功，需要個人主觀努力和奮鬥，也需要眾人的扶持和幫助。比爾‧蓋茨之所以能順利成功，就在於他勇於效仿劉備「三顧賢者」。

◎比爾‧蓋茨的招聘人才也是依樣模仿

比爾‧蓋茨在創業之初，他的強項在技術方面，對管理沒有多少經驗，且並無興趣，他的合作夥伴保羅‧艾倫也是如此。隨著微軟公司成員越來越多，激情的技術天才感到他們越來越需要一位精通管理的人才來統帥整個公司。為此，比爾‧蓋茨想到了他的校友，交際高手史蒂夫‧鮑爾默。在哈佛，蓋茨和鮑爾默是最要好的朋友，他們彼此瞭解對方的長處，也都是聰明人，在很多問題上都有共同的看法。

1979年，史蒂夫‧鮑爾默到西雅圖來看蓋茨，蓋茨對他說：「你來微軟公司吧，我們需要一個經理。」史蒂夫‧鮑爾默當時說：「還需要考慮考慮。」1980年初，比爾‧蓋茨把鮑爾默請到西雅圖來訪問，再一次勸說他為微軟公司工作，但鮑爾默仍在猶豫。為了請動史蒂夫‧鮑爾默，比爾‧蓋茨把父母也動員起來，讓他們出面做說服工作。最後鮑爾默終於答應了比爾‧蓋茨，但是，他說手邊的事

還沒有處理完，至少要等到夏天。到了夏天，史蒂夫·鮑爾默果然來到微軟公司，在這裏，他的年薪是 5 萬美元，職務是總裁助理。蓋茨還讓鮑爾默擁有微軟 5%的股權。

史蒂夫·鮑爾默一上任，就把微軟公司改革成了橫向組織，建立了 9 個部門。每個部門按同樣方式構成：一個產品部經理，一個開發部經理，一個程序部經理。每隔 6 個月，公司集中檢查考核所有部門的工作。經過史蒂夫·鮑爾默這一番部署，微軟公司不但擴大了知名度，增強了銷售量，各項工作也有條不紊，進展神速。特別是採納鮑爾默的建議，微軟公司實現了股份上市，源源不斷的股市的集資使得微軟公司一舉改變了過去的形象，成為了世界級的著名軟體公司。

人的能力有大小，術業有專攻。有的人做事有魄力，敢決斷，是能夠獨當一面的人物，適合做主角；而有的人則穩重低調一些，在團隊中做輔助的工作，適合做配角。人才使用，當用其所長。從長處看人，世界上就沒有無用之人，從短處看人，人人難逃平庸。

◎曹操也是愛惜人才

曹操不僅愛惜人才，並且用人之術也堪稱一絕。他善於協調部屬之間的關係，避其短用其長。張遼大戰逍遙津的故事恰恰就證實了這一點。當時孫權率領 10 萬大軍攻下皖城，指向合肥的時候，守衛合肥的只有張遼、樂進、李典率領的 7000 士卒。在敵強我弱的情況下，如果眾將心力不合，必是不攻自亡。而恰好這 3 個人「皆

素不睦」。張遼雄才大略，有勇有謀，能統率大局，樂進穩健，李典貴儒雅，曹操心知李、樂二人對後投降之張遼早有不服。就在這千鈞一髮之際，曹操派人送來一個木匣，上書「賊來乃發」，並在文書內對合肥的防禦做了具體的安排，若孫權來攻，命張、李二將出征，樂進守城。張遼看後，堅決執行曹操的命令，表示與來敵「決一死戰」。李樂被感動，表示願聽指揮，後來大敗吳軍，差一點捉住孫權，從這一點安排上反映出曹操高超的用人藝術。一是他瞭解張、李、樂 3 人不和，由他出面 3 人比較能夠接受；二是樂進守城是其長處，張、李在重要關頭能夠服從大局；三是曹操利用他們的性格取長補短，防止一人談話大家附和。

　　有一個公司的總經理，在談及企業成功，人才使用之時說道：「曹操愛才，但更會用才。我的成功源於企業的每一個員工，更源於曹操給我的啟示，我效仿他的用人之道——用人之長，也用人之短。我把他的用人之術拿到我的企業來，比如：愛鑽牛角尖的人就安排他去當產品品質檢查員；處理問題頭腦太死板的人就安排他去當考勤員；凡脾氣太強、爭強好勝的人就安排他去當攻堅領頭人；辦事婆婆媽媽、磨蹭的就安排他去抓勞保方面的工作；能言善辯喜歡聊天的就按排他當公關接待。其實每個人都有其長處，只要善於發現，善於利用，每位員工都可以發光放熱。」

　　一般人看來，短就是短，在有見識的人看來，短也有長。即所謂「尺有所短，寸有所長」。

　　清代思想家魏源講過這樣一句話：不知人之短，不知人所長，不知人長中之短，不知人短中所長，則不可以用人。短中也可見長，

有短之存，必有用短之術，關鍵是將短用到正需要短的地方。

春秋時，魏國人甯戚在車旁餵牛，他一邊敲打著牛角一邊唱歌。齊桓公正巧由他身邊經過，覺得他不同於常人，就和他聊天，果然發現他是個人才，就準備任用他。但大臣們卻勸阻說：「魏國離齊國並不遠，不如先派人打聽他的情況，如果他確實是個賢能之人，再任用也不遲。」齊桓公說：「調查後可能會發現他有小缺點。人做事常會因小而棄大，這就是為什麼天下智士常不得君王重用的原因。」齊桓公沒有去調查甯戚的情況，就直接拜他為上卿。

每個人都有缺點，不能因為一些小缺點就放棄一個人才。值得注意的是，一些有大才能的人，往往缺點也很明顯；而看起來很完美的人，往往天賦一般。所以，用人之道，在於取其所長，棄其所短，不要苛求細枝末節，而要看重他大的方面。

1950 年，由於豐田公司內部產生了勞資糾紛，豐田喜一郎被迫辭去了社長的職務。在這種危難的關頭，必須選出一名有才能的人帶領大家來扭轉危局。最後豐田家族的當事人選中了當時在公司內做中層的「外人」石田退三。其實石田退三不具備任何的相關專業知識，但豐田家族並沒有把這點看得如此重要。他們更看重的是，石田退三早期在經商活動中積累的豐富經驗和他的人格——作風忠實、可靠。認為他是一個可以委以重任的人。沒有什麼專業知識的石田退三，就這樣當上了豐田家族產業的總管。

石田退三以其獨有的務實精神，把豐田公司管理的井井有條，他使豐田汽車公司渡過了 1950 年的那場危機，並穩紮穩打地樹立起豐田的品牌——世界豐田。他的務實管理是相當成功的。到 1961

年石田退三為會長時，豐田汽車已是國內的佼佼者，並已走向世界。

　　二次世界大戰後，日本的松下幸之助為重建松下集團的勝利者唱片公司，從眾多後選人中選中了原海軍上將野村古三郎，決定委任他為勝利者唱片公司的經理。勝利企業是以經營音樂唱片為主的大型企業，可是野村對音樂、唱片一竅不通，也不會做買賣。幸之助之所以選中了野村古三郎，原因很簡單，就是他小有名氣。野村古三郎曾在日美戰爭中作為和美國談判的特命全權大使，大多數人，對他並不陌生。起初對於野村出任松下集團勝利者唱片企業經理一事，松下集團董事內部看法不盡相同。大部份人都對他的能力產生了質疑，認為他無法勝任此職，當時就連野村自己也不太自信，沒有太大的把握幹好，如果真的是硬要他幹，除非給他派幾個懂業務的人做助手才行。

　　在一次董事會上，大家談到音樂作品《雲雀》時，野村卻問別人：「《雲雀》是誰的作品呀？」頓時會上鴉雀無聲，堂堂的唱片企業經理竟不知道名曲《雲雀》是誰的作品，這件事頃刻間變成了一暴笑新聞，人們議論紛紛，指責說像這樣的人怎麼能擔任勝利者企業的經理？松下集團最高決策人松下幸之助並沒有理會別人的言論，他心中有數，他認準野村不但有豁達大度、高尚的品質，而且極會用人，擅長經營。

　　幸之助效仿古人的用人策略——用其長處，避其短處。給野村配備了優秀的業務人才，讓他們把一切業務工作承擔下來，使野村居於他們之上，擺脫具體業務的纏繞，發揮他組織、調度、控制和督促大家的作用。結果如松下所料，勝利者唱片企業在野村的經營

下經濟效益迅速提高，企業一派興旺。

「駿馬能履險，犁田不如牛；堅車能載重，渡河不如舟。」任何人都可能有許多弱點，而且有些弱點往往是難以改變的。但我們要做到人盡其才，就應該善於在實際工作中避開其弱點，使他的弱點不影響自身才能的發揮。豐田家族的霸業，幸之助的用人策略，無一不是效仿古人用人方針。所以，企業成功，國家富強，均需人才方可成其大業，效仿古人的成功戰術，我們可屢戰屢勝。

在現代商戰中，一項計畫，選派不同的人去執行，會得到不同的結果。所以說，用人是領導藝術中極為重要的方面。

美國的可口可樂風行世界，它之所以能發展到如此大的規模，其原因在於善於效仿古人之用人之道。

可口可樂公司不分國籍，選擇那些有管理能力的人，扶持他們自立門戶，在世界各地開辦可口可樂裝瓶廠，使公司越創越大。

商場如戰場，市場競爭的規律與軍事戰爭的規律何其相似。正如松下幸之助所言：「商場就是戰場，買賣就是用兵。中國古代先哲孫子，是天下第一神靈，我公司職員必須頂禮膜拜，認真效仿，靈活運用，公司才能興旺發達。」正確複製古人的用人之術，從中吸取要點，成就當下，走智者所走之路。

6

最有效模仿戰略——造大勢得大果

　　企業造勢宣傳，也可以模仿。在商品無比繁多的今天，隨著市場競爭日益激烈，行銷資訊日漸繁多與紛雜，一個企業依循許多尋常的行銷手段已經開始顯得有些力不從心，難以有效地獲取顧客的關注的時候，幾乎所有的企業主和所有參與企業經營的管理者都不約而同地把目標轉向這樣一個新鮮事物——眼球經濟。

　　其實在企業的行銷活動中，我們已經看到了較多的這樣的例子，譬如，華帝在不到 1 個月的時間內，在 6 個知名網站、14 家大型報紙、雜誌，發佈關於此事件的新聞報導 20 多篇，報導字數超過 5 萬字。由此引起社會各界的普遍關注，華帝因此成為此階段媒體的焦點，華帝的知名度得到很大程度地提高，其企業的知名度也由原來的 20%上升了 20 個百分點。

　　再比如，傑士邦讓員工在雲南世博會上向成年人一手奉上一束玫瑰，一手送上一隻傑士邦的安全套。這種街頭大派送自然又成了流行話題，有傳媒以「玫瑰花裏的神秘使者」作標題，成為世博會的另一類新聞。奧克斯透過巧打米盧牌，引導媒體緊密配合整個世界盃賽事的進程，多角度全方位報導、宣傳奧克斯品牌。使奧克斯

這個原本不被國人所熟悉、知名度較低的品牌，迅速成為冷氣機市場上的強勢品牌之一。牽手果蔬汁以水果蔬菜換取果蔬汁；寶潔沐浴產品激爽的京城當街「沐浴勁歌」等等，都以各不相同的方式向人們展現了「眼球經濟」的魅力。

他們的成功，驗證了一個結論：充分利用公眾事件資源，結合企業的傳播重點，最大限度地放大企業的傳播功率，最大限度地獲得廣大社會公眾的關注，特別是目標顧客群體的最大認可，這就需要我們「造勢」——趁勢而起，是當今最優秀、最實用的行銷傳播工具之一。

企業造勢的目的不外乎兩點：一是為提升企業優良的形象，二則為達到商品暢銷的目的。為了達到這兩個目的，其使用的手段有行銷、推銷、促銷、廣告、公益、公關、訴訟、特權，等等。但是，在美國除了上述手段之外，另有較特殊的方法，即運用壓力團體和操縱傳播媒體。

美國的企業家們運用壓力團體的主要武器，就是利用各類團體的遊說活動。遊說的對象包括了國會議員、行政官員、法官，甚至總統的顧問、親信、家人等等。遊說的方法有威脅，也有利誘，有時透過國會召開聽證會；有時鼓勵選民或旗下員工以大量的電話、信件來造勢；更厲害的則是發動示威、遊行、罷工、暴動等。務必形成足夠的壓力，不達目的誓不甘休。

至於操縱傳播媒體，主要是為了控制輿論，發揮影響力。像《紐約時報》，它是美國最有影響力的報紙之一，它的所有權就掌握在資本家手中，控制輿論當然能對政府政策的制定有相當的影響和干

擾。

　　運用壓力團體和操縱傳播媒體的過程，事實上就是事件的運用。因為在使用這兩種方法的同時，其他事件的手段也要呼應配合，長攻、短打，交互掩護，才能形成立體作戰，效率才會高，效果才會快。

　　日本企業的行銷成功，就是效仿了美國企業的這一套造勢方法。日本企業不但模仿得惟妙惟肖，而且青出於藍而勝於藍。

　　根據喬愛特所寫的《影響力的代理人》一書中所述，日本的企業每年至少要支付 1 億美元以上給遊說團體、律師及政治顧問，目的是當美國國會或白宮在討論和日本經濟及貿易有關的法案時，能運用他們的影響力，使法案內容有利於日本。這些有影響力的說客，包括了像雷根、卡特、尼克森等總統級的人物。此外，擔任過國務卿或國家安全特別助理的人，也或多或少在國會為日本企業奔走說項。

　　而在操縱輿論方面，日本企業也不惜鉅資，針對學術界、新聞界的領導人物發動攻勢，務使他們在撰寫專題研究或評論時有利於日本，至於收買記者，那更是日本人最拿手的。在日本企業鍥而不捨、緊迫盯人的努力之下，如今的華盛頓不僅已成為日本說客的天下，美國的大眾傳播也傾向日本，甚至不惜扮演傳聲筒的角色。所以，日本對美國的貿易雖然數額龐大，但是每次兩國的貿易談判，日本總是大獲全勝，美國則屢次處於下風。有人說日本正一步步蠶噬美國的經濟。

　　日本企業這套事件戰略，正是效仿了美國企業慣用的手法，只

不過日本人將它包裝得更精緻，運用得更靈活。一方面既保護了日本國內的市場，另一方面又以秋風掃落葉之勢席捲美國的市場。在1990年之前，日本在美國的資產已超越英國、荷蘭及加拿大 3 國，而在 1995 年，日本又成為對美最大的投資國。

在日本掌握美國的遊說及輿論兩大武器的攻勢下，美國企業的信心幾乎已經面臨崩潰，而日本企業在美國市場則勝出。效仿成功企業的造勢手法，靈活運用到自己身上，是我們在這個經濟爆炸時代快速凸現的有效戰略。

企業造勢不僅僅是為了吸引顧客群體的眼球，它的最終目的是成功地把銀子般的產品按照金子的價格賣出，讓消費者心甘情願甚至是引以為榮地支付金子的價格買銀子的產品。

在美國，青少年想擁有一雙耐克鞋的夢想與人們想擁有高級轎車的夢想盡乎相近，穿「耐克」鞋成了消費者追求的一個「夢」。耐克在美國成功的行銷後，開始覬覦歐洲市場，很快，他們打開歐洲市場如同當年在美國掀起「耐克風流」一樣迅速，最終，超過了曾雄踞市場的領導品牌阿迪達斯、彪馬、銳步，在短短幾年裏成功地引領了全世界運動用品的行業走向，至今耐克還不足 20 歲，後來居上，被譽為是「近 20 年世界新創建的最成功的消費品公司」。

耐克之所以如此成功，是因為他效仿了阿迪達斯的造勢策略——利用明星造勢，創立名牌基點。在網球運動上，耐克抓住了阿加西和彼得‧桑普拉斯；在籃球運動上，同西雅圖海員隊超級明星小肯‧格利非簽約。到 1992 年，耐克公司簽下了半數以上大學運動聯盟的籃球冠軍球隊，球員都穿耐克公司的鞋子，60 多所體育

知名大專院校都是耐克學校,此外,職業籃球球員喬丹、巴克利和十幾個明星都在它的麾下,324 名 NBA 球員中就有 200 名球員穿耐克公司的運動鞋,其中更有 80 名與耐克公司簽合約,275 位職業美式足球球員、290 位職業棒球球員全穿耐克公司運動鞋。

耐克效仿阿迪達斯的造勢行銷,但比其更勝一籌,其一,耐克實行了體育行銷,塑造了一個與消費者興趣與熱情相結合的品牌。在耐克的世界裏,永遠是運動第一,商業第二,商業僅僅是運動的一個附加品。其二,耐克在造勢前「選料」正確,「選料」即造勢前所需的題材,找準題材是成功造勢的核心工作,就像是玉米棒上的包穀粒,所有與宣傳造勢有關活動即包穀粒都是要建立在玉米棒這個基礎上並圍繞其展開的。

「選料」不僅要放眼整個企業,挖掘對企業有利的新聞,而且還要快速效仿成功企業的成功戰略,加以靈活運用,並融合自己敏銳的市場嗅覺及捕捉突如其來的靈感。

對於發生在身邊的各種新聞事件要善於分析和觀察,注意從中找出與企業和產品的結合點,利用其中的商機為企業服務。借新聞事件造勢是一種行之有效的起勢戰略。

正如一位資深的行銷顧問所說:現在的企業行銷,就像在大海裏划船,姿勢美不美並不重要,而是先要讓船跑起來,把勢造出來。成功的企業善於造勢,借勢起勢;後來者居上的企業,更善於、勇於效仿造勢成功的企業,透過各種不同的造勢手法,找準適合自有產品、品牌的事件,趁勢而上。

7

創造不妨從模仿開始

卓別林是世界著名的喜劇大師，當他剛踏入影壇時，演技還很生澀。於是，很多電影導演都建議他去模仿當時德國的一位名演員。希望他那怕學到這位名演員的五成功力，在演藝圈立足就已經綽綽有餘了。

但是，卓別林卻都不願意接受這些意見。他對那些導演說，如果刻意去模仿別人，自己就失去演戲的樂趣，少了樂趣，又怎麼能激發自己進步呢。

從此，卓別林決定不盲目跟從別人，而要努力創新自己的表演風格。他從生活的每個角落取材，然後以誇張的肢體動作、扭曲的面部表情來創造出喜感。更為可貴的是，卓別林把許多複雜的小動作結合在一起，並使這些動作一氣呵成，從而衍生出無窮的喜劇藝術，深受觀眾和導演的喜愛。卓別林表演風格的創新，來自他腦海裏迸發出的許多新點子，他覺得如果只是模仿別人現成的表演，即使模仿得再好，也不過是別人的影子。一味模仿不但喪失了自我，也無法創造出一個別人無法取代的表演風格。

只有走在最前面，才是最有機會成功的人。這就是讓人景仰、學習的喜劇演員卓別林。

模仿，指按照某種現成的樣子學著做。模仿和創造是兩個相互矛盾的詞語，按人們通常的理解，具有創造性的東西應該是首創的，不應該是模仿他人的。如果說某種東西是模仿的，那它就不是首創的，就不能算作創造。

然而，現實生活就是這樣既充滿矛盾又充滿趣味——創造和模仿常常是結伴同行的。如果你想掌握一種快捷的做事方法，那就要學會模仿。學會模仿，就是在他人成果的基礎上進行自己的創造，它的實質仍然是創造。許多成功的企業家或成功者都是用了這個戰略，「抄近路」取得成功的。其中，美國國際商用機器公司可謂運用創造性模仿戰略獲得成功的典範。

20 世紀 30 年代，美國國際商用機器公司幾乎垮掉了，因為它把所有的錢都用於設計第一台供銀行使用的電動機械簿記機。但是，美國當時正處於經濟大蕭條時期，那家銀行也不願意購置新設置。到五六十年代，他們雖然研製出了早期的電腦，但那僅是供科學研究用的，主要應用在天文學方面。因此，產品銷量一直徘徊不前。

這時，他們的競爭對手通用電腦公司卻生意紅火。面對這種窘境，國際商用機器公司果斷地採取了「創造性模仿戰略」，竟然一舉取得了成功。當時最大的電腦公司——著名的蘋果公司，首先想出了研製個人電腦的主意，而且已經研製出了個人電腦雛形，但他們認為這種電腦價格昂貴，很難在社會上推廣開來，不是一種很理想的電腦，因而，停止了進一步的開發和推廣。

此時，國際商用機器公司卻從中看到了希望，預測到了個人電腦在家庭、辦公室等領域應用的廣泛前景。於是，他們模仿蘋果公司的個人電腦雛形，立即著手設計一種新的電腦，希望這種電腦能成為個人電腦方面的標準產品，能在此領域內領先。就這樣，PC 型電腦誕生了。結果，不到兩年的時間，創造性模仿戰略就顯出了巨大的威力：PC 型電腦在個人電腦領域取代了蘋果機，成為個人電腦領域最暢銷的標準產品。美國國際商用機器公司之所以能夠走出困境，有很大一部份原因是得益於創造性模仿戰略。

任何一個成功者，都是站在他人的肩膀上成長起來的。創造離不開模仿，模仿是走上創造之路難以超越的階段。模仿並非壞事，初為畫、初為文的人，恐怕都有過模仿的階段。關鍵的問題是我們應該弄明白，我們模仿到底是為了什麼？

學會模仿是極其必要的。可以說，創造建立在模仿的基礎上，創造離不開模仿。一些成功者因為學會了創造性的模仿，他們很輕鬆地獲得了成功。

日本著名創造學家豐澤豐雄曾說過：「模仿同類性質的事物，是對發明非常有益的訣竅。」

學會創造，不妨從模仿開始，透過模仿，我們可以繼承前人或者他人的創造，並在此基礎上推陳出新。

有一些人一談到創新，就非常厭惡傳統的東西，恨不得把傳統全部拋棄掉，以為只有這樣才能創造出新事物來。事實上，立足於傳統往往能煥發出更大的創造力，更充分體現自身的「特色」。立足傳統的過程就是一個模仿的過程。

　　學會模仿，需要運用頭腦，把你所學到的知識加工成自己需要的東西。克雷洛夫說：「模仿別人，必須頭腦清醒，然後收效才能宏大。」頭腦清醒的過程就是你發揮自己的創造性的過程。

心 得 欄 ---------------------------------

第 *3* 章

模仿是最強的競爭技巧

　　在世界各國的案例，在企業的經營技巧上，隨處都可看到模仿是必定成功公式，它是後發优勢，它是借他人技術，烤自己的金磚。

1

認清自己，勢在必行

　　人活一世，都想有所作為，有所成就，但在追求成功的同時，出現了無數失敗者的身影，即使成功也寥寥無幾。兵法有云：知己知彼，百戰不殆。要想「不殆」，必先「知己」，「知己」說通俗些就是認清自己，瞭解、明白自己。如果連自己都還沒有摸清，還不清楚自己想要的到底是什麼？那又何談複製呢！

　　俗話說：「條條大道通羅馬」，「三百六十行，行行出狀元」。

　　黃家德是一名普通的高中生，他從小就很喜歡「動漫」。和我們一樣，他也經歷了高考生涯，但卻落了榜，出乎意料的是，他沒有像其他人那樣選擇複讀再參加高考，而是用從小積攢下來的零花錢及每年的壓歲錢，走進書店買下了當時能買到的所有著名的日本漫畫書，然後，報了一個電腦動畫的培訓學習班，不斷練習。有人問他：「你為什麼不復讀一年？憑你的經驗、刻苦學習的勁頭一定會考個好大學的。」他回答：「能考上一個好的大學就能有所成就？就能走上成功之路？我從來沒有這樣認為過，繪製、創意和設計動漫是我從小就很感興趣做的事，我願意為我所喜歡的付出一切，做自己喜歡的事兒，再苦再累，

我也不怕。」

　　他的父母都是老師，高級知識份子，起初並不支持孩子放棄高考，正如每個父母一樣，他的父母也望子成龍，更何況他是老師的兒子呢。但黃家德是用一顆赤誠的心說服了他的父母，隨即投身於學習動漫之中。後因黃家德表現優秀，被送往日本留學，專門學習動漫設計製作。

　　曾有一位資深教授，問他的 3 名學生說：「你們的興趣愛好是什麼呀？」第一位同學回答：「我最喜歡旅遊，像徐霞客那樣，游遍大江南北，把壯麗山河之美講給每一位朋友聽。」教授聽後微微地笑了笑，點點頭。第二位同學說：「我嘛，我喜歡音樂，因為它可以使我放鬆，陶冶情操，但我卻不會去創作音樂，因為我只是喜歡欣賞而矣。比起欣賞音樂我較酷愛舞蹈，優美的舞姿，讓我的步伐更加輕盈，生活充滿活力。」教授深深地點了點頭說：「很好。」這時第三位同學說：「我的愛好很多、很廣泛，比如：運動、棋類、音樂、購物、上網、看書等等，太多了，總之對身體有意的，能讓我豐富生活的，我都喜歡。」看著第三位同學滿臉洋溢著燦爛的笑容，一副很自豪的樣子，教授深深的歎了一口氣，說：愛好廣泛，這並無可厚非，但廣泛的背後卻隱藏著一個可怕的問題，就是你太不瞭解自己了，太多的事物，擾亂了你的神質。

　　3 年過去了，第一位同學真的實現了他的夢想，暢遊全國各地及海外名城，他做了一名優秀的導遊員。而第二位同學也成了一名優秀的舞蹈老師。第三位同學則在一家外企做策劃，

時而報怨工作加班加點，太勞累；時而覺得生活所迫壓力太大了，用他的一句話說：每天都很充實，但充實得透不過氣來。

教授的 3 名學生，前二位為自己的興趣愛好而圓了夢想，他們的生活同樣充實，但充實中見活力，見生機。正如黃家德所說：為自己所喜愛，再苦再累，我也願意。而第三位學生，因為不瞭解自己，沒有認清自己真正喜愛的是什麼，而導致他一生平庸，生活繁亂。

世界上許多成功者，甚至是作出傑出貢獻的偉人，也是因為瞭解自己的興趣愛好而有所成就。魏格納因濃厚的興趣一生中 4 次去格陵蘭探險；達爾文因興趣愛好把甲蟲放進嘴裏；濃厚的興趣愛好，使達芬奇不顧教會的反對連續解剖許多屍體……

興趣愛好，它能引入踏入某一專門知識的深廣領域，可以把人引向偉大事業的輝煌峰巔；興趣愛好，是構成學習動機的最具實際意義的因素，是學習的一種動力；興趣好愛，是開啟我們夢想大門的靈鑰；興趣好愛，是斬除荊棘的一把有效利器。由此可見，瞭解自己的興趣愛好是一件多麼重要的事兒。也只有先清楚地認清自己喜歡做什麼事、想要得到的是什麼，這樣才能根據自身的條件找到適合自己的複製標杆。

有些學生學習特別好，是因為他們有很強的學習能力；有些人演講特別優秀，是因為他們有很強的表達能力；有些人一點就透，常有獨到見解，說明他們有很強的領悟能力；有些人思維敏捷、沉著冷靜、富於理性，說明他們可以做謀士；有些人勇猛、膽大、驍勇善戰，可見他們就是將才之料。

日本推銷之神原一平，從小就善於與人溝通，而且和他交往過的每個人都非常喜歡他。他總是能以他那「三寸不爛之舌」說服每一個與其爭辯的人且使對方悅之。在一次課堂上，老師做了一個很有意思的測試，叫做「發現自己身上的強項」。當時原一平的測試結果顯示，他的強項就是溝通和應變能力。

原一平 23 歲時來到東京打天下，他毅然決然地進入了一家保險公司作一名「見習業務員」。對於剛剛涉足保險行業的他，成績並不是很樂觀，但原一平憑藉自己強有力的溝通能力終於打出了一片屬於自己的天空，成為美國百萬圓桌協會成員，並擔任日本壽險的會長。

用原一平的一句話說：如果一個人連自己的能力都不瞭解的話，那他很難發揮熱量。太陽之所以會在白天出現，是因為他知道自己有照亮全世界每個角落的能力。

目前，不少畢業生就業前迷茫，就業後又頻繁跳槽。聽到畢業生說的最多一句話就是：「到時看機遇吧。」說起畢業後的去向，他們只是確定自己不考研，而公務員、企業員工、教師等職位都可以嘗試。

針對大學生的困惑，上海就業促進中心對畢業生做了一次「關於畢業生就業心理」的調查。調查結果顯示，在回答「你覺得自己最大的就業困惑和擔心在那兒」時，41%的畢業生認為「缺乏明確的求職目標和規劃、缺乏自知，在不清楚自己的同時去做一些無謂的事」。不少用人單位也反映，現在許多學生缺乏對自己的瞭解，對個人能力、自身優勢的瞭解，覺得什麼都適合自己，什麼都想嘗試，

於是盲目地投遞簡歷，相對而言，成功率自然很低。

　　崗位固然很多，但選擇一個適合自己的，才能發展自己。要想找到適合自己，最關鍵的就是要認清自己的個人能力，每個崗位都需要有能力的人才，但並不是有能力的人一定適合這個崗位。每個人擅長的不一樣，優勢不一樣，在不同環境下發揮的作用亦有所不同。

　　人無完人，亦無重人。我們每個人都擁有屬於自己的獨道之處。重要的是，我們要善於瞭解，善於挖掘自己。也只有清楚瞭解自己的個人能力，才能把能量發揮盡致。也只有認清自己的個人能力，最拿手的、最擅長的技能，在複製成功者的時候，才會有捨有取，做到最好。

　　俗話說：「尺有所短，寸有所長。」人亦如是，有見長之處，也有略微之處，其中性格因素起著很重要的作用。譬如性格內向的人，對於公關一類的社交工作做起來就不會很上手；而性格外向的人，對於一個需要靜不需要很多言語的工作也同樣不會做得太好。當然，我們所說的也有個別現象，但大多數是這樣的。試想一下，讓一個不善言談，不善交際的人去銷售產品，或是做談判，那麼結果會如何呢？如果讓一個踏實、穩重、內斂、好靜的人做財務，她會做得如何呢？每個人心中都有了一個明晰的答案。瞭解自己的性格，不僅可以讓我們正確選擇自己的位置，更可以讓我們在自己的位置上發揮最大的能量。

　　性格堅毅剛直的人，能夠矯正邪惡；性格柔和寬厚的人，能夠宰相肚裏撐船，化矛盾為玉帛；性格強悍的人，稱得上忠肝義膽。

不同的性格有不同的用武之地，不同的性格演繹出的人生也不相同。

「如果我當初知道，我想要的是什麼？我的人生就不會那麼迷茫。」想要的也就是你所要追求的。

可是，人生沒有「如果」，只有「因果」——而且用一句話就可以總結了，那就是：因為你們當時都沒有及時考慮到、意識到，所以不得不「收穫」一個乏善可陳的今天。

電話的發明者貝爾的偉大功績，是每一個立志成材、決心創立大業的人都非常羨慕的。但是，貝爾一開始是否就決定用畢生精力去發明電話呢？事實並非如此。最開始，貝爾在一所聾啞學校裏做教員，在那裏和他的一個聾啞學生結了婚。有很長一段時間，他經過許多的試驗，想發明一種用電的工具，使他的妻子能夠聽得見聲音。在不斷的試驗之中，有一次偶然他發明了電話。

貝爾之所以能發明出電話，只是憑藉一個念頭：就是讓他的妻子能夠聽到聲音。他清楚地知道自己想要的是什麼，所以不斷努力，不斷嘗試。正如希臘學者所說：「勝利的果實總是喜歡投身到那些有所追求的人手裏。」

漢帝劉邦與項羽爭奪地盤不分勝負的時候，誰也沒能想到劉邦會稱帝。垓下之戰，劉邦一舉戰勝項羽，統一中國而稱帝。劉邦在洛陽舉宴群臣時問道：「我何以得天下？項羽何以失天下？」在群臣歌功頌德後，劉邦自己總結道：「我之勝，在於我知道當時的自己想要的是什麼，不是天下，而是人才，只有聚才方能贏天下。三豪傑都比我強：論運籌帷幄，我不如張良；

論安撫民心、後勤保障，我不如蕭何；論統率千軍，指揮作戰，我不如韓信。我所以得天下，只在於每時每刻都清楚自己想要的是什麼。項羽連心腹親人范增都不能重用，只靠孤家寡人之勇何以能得天下？」

作為企業而言，成功的企業之所以成功，也並非是憑藉一個人的力量能夠做到的。古語言到：「小河漲水大河滿，小河無水大河乾」對於同處於競爭之中的企業來講，知道自己最想要的、最需要的是什麼尤為重要。

微軟認為，公司的首要任務就是尋找致力於透過軟體的開發來改善人們生活的人才，不管這樣的人生活在何處。這種人其實就是有理想、有抱負、有追求的人才。微軟選拔人才是放眼於全世界的。範圍雖擴大，但目標很明確。

IBM 認為，只要學習能力強、情商不錯，就可以考慮。IBM很看重人的正直和誠實。此外，自信也很重要。在激烈競爭條件下，一個企業的成功既來自靈感的創造，又來自嚴格的管理。

微軟、IBM，他們的成功，正是因為他們瞭解自己的企業，所想要的是什麼，具體到一個字中的每一個點。作為我們個體來說，想有一番作為，瞭解自己想要的是什麼，要什麼對我們才有用，是很關鍵的因素。只有清楚瞭解自己想要的，才能夠迅速邁步，成就非凡自我。大到企業，小到個人。

索柯尼石油公司人事經理保羅，曾面試過 7 萬多名應試者，有人請教他：「今天的年輕人求職時，最容易犯的錯誤是什麼？」他回答說：「不知道自己想要什麼。」他們之所以沒有成功，不是他們不

渴望成功，而是因為，他們根本就不清楚自己要的是什麼，導致他們失敗。

　　人生要成功，你必須從自己這座價值連城的寶島中主動分析，瞭解自己的興趣愛好，瞭解自己的個人能力，瞭解自己的性格品質，瞭解自己所想要的是什麼。只有清楚的瞭解了自己，摸清了自己，才能完美的發揮自己的長處，才能將想法付諸行動。也只有這樣，我們才會有機會達到成功的境界。

心得欄 _____

- -

- -

- -

- -

- -

2

卓越的行動力

「知道自己想要的是什麼，知道自己追求的理想是什麼」，固然很重要，如果我們僅僅是停留在「知道」上，再有效的原則、再高效的方法、再優秀的理念、再絕妙的訣竅、再高超的智慧，也只是一些毫無價值、一無是處的廢棄資料。最緊要、最關鍵的是「做到」，把我們所想到的一切付之於行動，而付諸行動之後，如何確保成功呢？學習、模仿成功者，是其中最可行方法之一。

在四川偏遠地區有兩個和尚，其中一個很是貧窮，另一個則相當富有。有一天，窮和尚對富和尚說：「我想到南海去，您看怎麼樣？」富和尚說：「你憑藉什麼去呢？」窮和尚說：「我只憑一個水瓶，一個飯缽就足夠了。」富和尚說：「我早在幾年前就想租條船沿江而下，可現在還沒做到呢，你只憑一個水瓶，一個飯缽，談何容易呀？」

第二年，窮和尚從南海歸來，把到過南海的事告訴富和尚，富和尚深感慚愧。窮和尚與富和尚的故事說明一個簡單的道理：說一尺不如行一寸。

義大利著名航海家哥倫布發現了新大陸，不久之後，在西

班牙的一次歡迎會上,有位貴族口出狂言:「發現新大陸其實也沒什麼了不起的,這不過是件誰都可以辦到的小事,根本不值得如此張揚。」這位貴族繼續說道:「哥倫布不過就是坐著輪船往西走,再往西走,然後在海洋中遇到一塊大陸而已。我相信我們之中的任何人只要坐著輪船一直向西行,同樣會有這個微不足道的發現。」

哥倫布聽完貴族的這番「高論」之後,從容鎮定,沒有絲毫的尷尬,只見他漫不經心地從身邊的桌上拿起一個煮熟的雞蛋,微笑著說:「各位請試一試,看誰能夠使雞蛋的小頭朝下,並豎立在桌上。」

大家用盡了各種辦法,結果卻沒一個人獲得成功。哥倫布拿起手裏的雞蛋,用小頭往桌上輕輕一敲,雞蛋便穩穩地豎立起來,那位貴族立即說:「用這種方法我也能夠做到。」

哥倫布起身很有風度地對著在座的每個人說:「是的,世界上有很多事情做起來都非常容易,不過其中最大的差別,就在於我已經動手做了而你們卻至今沒有。」

的確,正如哥倫布所說,我們心中有很多的想法,我們心中有很多的理想,甚至我們也為自己訂立了很多的計畫,但是我們不動手去做,何來成功?如果只是總在嘴上說,卻難於行動,或根本不動,那麼成功是不會早在中古時代的歐洲,那時的醫藥科技尚未萌芽,在許多人的身體健康出現問題時,往往只能求助於草藥,或是移居到鄉間空氣清新的農園休養,希望能夠借著這樣調理身體的方式,好讓自己恢復健康。

　　在當時，就有一位富家少爺，因為身體羸弱，而聽從醫生的建議，從城市中移居到他父親所擁有的一座鄉下農場靜養。這一個農場裏養有許多乳牛，富家少爺很清楚新鮮的牛奶對身體是有好處的，所以當他來到農場的第二天，便吩咐下人，每天在擠完乳牛奶後，要先送上一壺鮮奶給他。

　　日子一天一天過去，富家少爺在農場上靜養，也有了好長的一段時間，但他虛弱的身體，並沒有見到有什麼明顯的改善。每天一大壺的鮮奶，似乎也未能發揮如預期的效果，不能夠讓他的身體恢復健康。

　　有一天，富家少爺裹著毛毯，躺在燃著熊熊柴火的壁爐邊，望著窗外冰天雪地中，正在辛勤工作著的擠奶工人。

　　突然，富家少爺發現，擠奶工人在這麼冷的天氣，竟然只穿著一件短汗衫，他們不停瑟縮，而且還十分快樂地工作著。

　　富家少爺驚異地發現，擠奶工人的身體竟是如此地健康，當下立刻找了其中的一個年輕工人並詢問道：「你們身體健康的秘訣是什麼？我看著你們工作的樣子，似乎一點兒也不怕冷；你們是不是天天也都喝新鮮的牛奶，才會有這麼健康的身體？」

　　年輕的擠奶工人回答道：「沒有啊！我們那有機會喝到鮮奶？所有的鮮奶都要立刻送到城裏去賣錢的，我們若是想要喝鮮奶，還得自己掏腰包去買，我們那來的那些閒錢啊？」富家少爺追問道：「如果你們不是喝鮮奶，那你們究竟是吃了那些東西，讓自己根本不怕冷？」擠奶工人仔細地想了想，微笑地說：「我們的身體之所以會健康、而且不怕冷，我想，大概是因為我們每

天都擠牛奶而不是只喝牛奶吧」。

擠奶工人回答的非常睿智。喝奶的舉動，只是充實自己的過程；而擠奶的動作，則代表著不斷的行動。吸收新知固然重要，可更重要的，卻是行動——不折不扣的行動！否則，吸收再多的新知，也如同吸水的海綿一樣，產生不出新鮮事物。

據說，在美國的一個小城鎮廣場上，雕塑著一個老人的銅像。他既不是什麼名人，也沒有任何輝煌的業績和驚人的舉動。他只是該城一個小餐館端菜送水的普通服務員。但他對客人無微不至的服務，令人們永生難忘——他是一個聾子！

他一生從沒有說過一句表白的話，也聽不到別人對他的句句讚美，但他仍憑藉「行動」二字，使平凡的人生不平凡！伊澤德說好：「只有你的行動，決定你的價值。」

扔飛鏢的遊戲大多數人都玩過，如果我們只扔一次，那麼中環的機率是非常小。但是如果我們瞄準靶心，不停地扔，那麼最後會怎麼樣？就算你技術再差，最後也會中環。事實上，規則是假設你扔 10 次鏢，可能 9 次會失敗，90%的概率會失敗，但總有 1 次會擊中。如果你能用 90%的失敗率換得 10%的成功率，這意味著什麼呢？這意味著你有機會成為最成功的人，不是嗎？失敗是成功之母，想成功就必須學會品嘗失敗的果子，不要太在意失敗。我們看看成功的人，你會發現他們只不過是願意失敗了再嘗試的普通人。事實上，成功的人比不成功人失敗的次數要多得多。

那麼，你所需要做的就是用失敗的次數增加成功率。如果有人對你說：哇，你真幸運。你就這樣回答：不不，我並不是幸運，我

只是接受了許多次失敗，作出了更多的嘗試。而每次的嘗試，都能學到新的東西。因此擁有飛鏢越多的普通人要比只有很少的飛鏢的人更成功。

正如韋爾奇所說：「我們大家知道的都差不多，但為什麼他們(成功者)與你們的差距卻那麼大呢？其原因是：你們『知道』了，而他們卻『做到』了。」如果你現在知道自己想要的，卻遲遲不知如何做起，那就讓我們來看看他們是怎麼做到的吧。

世界首富比爾‧蓋茨，有誰知道他為什麼會成為世界首富，或為什麼他能成為世界首富呢？

蓋茨的睡眠習慣與法國的拿破崙很相似，他不習慣在被單上睡覺，總是往沒鋪好的床上一倒，拉過一條毛毯往頭上一蒙，立刻沉沉地睡著了。不管是穿衣還是睡覺，他似乎不太在乎那些他不關心的事情。他工作身先士卒，生活平易近人，那裏工作最關鍵，那裏工作最困難，他就會出現在那裏。他和員工同甘苦、共患難，和大家一起摸爬滾打，大家幾天幾夜不睡覺，他也幾天幾夜不睡覺。被稱為「工作狂」的他，每天一邊工作，一邊想著「我要贏」。

蓋茨在 25 歲的時候計畫他 30 歲的時候成為百萬富翁，可是他 30 歲的時候成了億萬富翁。正如拿破崙所說：「想得好是聰明，計畫得好更聰明，做得好是最聰明又最好。」

比爾‧蓋茨的成功，就在於他想到了，而且想一定要得到自己所想要的。而平庸的人，總是想得到，但不清楚，是否自己就一定要得到。沒有了驅動，也就沒有了燃起行動的能源了。沒有翻不過去的山，沒有渡不過去的河。無論遇到什麼樣的困難，只要付諸行

動，總能找到解決的辦法。有什麼樣的行動，就會產生什麼樣的結果。如果只是怨天尤人，而不付諸行動，那麼什麼樣的結果也不會有。

複製成功者「知道」並「一定要得到」的行動驅動力，就會燃起我們立刻行動的燃燃烈火，行動的火焰只有越燃越旺，成功對我們來講就會唾手可得。

香港首富李嘉誠創業初期，因資金不足，所僱員工的能力也是參差不齊，結果，產品的品質極為粗劣，很多客戶前來退貨，要求賠償。原料商聽說之後，也揚言停止供應原料，銀行這時也派人來催貸款。李嘉誠的塑膠廠遇到前所未有的困難。

「四面楚歌」的李嘉誠選擇了正面面對問題，而非逃避，他真誠地向銀行、原料商、客戶負荊請罪，該賠的賠，該退貨的退貨。正是因為李嘉誠及時對此事件做出反映，採取誠懇有效行動，人們才寬容地接受了他的道歉，大度地原諒了他的過錯。李嘉誠有驚無險地渡過了這次難關。

可以設想，如果李嘉誠對於當時的形勢，選擇避而不動，那麼也就不會有他現在的成就了。正如李嘉誠所說：「我的成功，歸根於我的行動，推使我去行動的是我的思維，每每行動前，我都會問自己一些問題——我為什麼還沒有採取行動？馬上行動對我有什麼好處？如果總處於不動的情況下，對我會有什麼壞處？我該怎樣行動才能做到行之有效？」

成功人士的行動是卓越的，卓越之處在於，他們的行動是有目的地，是高效的，是有思想的。所以他們會成功。複製他們卓越的

行動力，對於我們的成功，會事半功倍。

沃爾特‧迪士尼出生於芝加哥的一個新教徒家庭，有兄妹四人。沃爾特從小就在父親的農場裏幹活，久而久之對學習便失去了興趣，但對繪畫卻情有獨鐘，閒時給農場裏的動物畫畫速寫。後來他又當過送報員，掙來的錢都花在了美術用品上，偶然的一次機會，他與查理‧卓別林的電影相識了，並為此而著迷。在他高中畢業後，當了 1 年志願兵，回家以後不願成為父親果凍廠的合夥人，而是決心作個「職業畫家」，走自己的理想之路。

他的第一份工作只畫了 1 個月。沃爾特在被解僱後突發奇想，自己成立了一家商業美術公司，同時繼續接受僱傭。他可以利用工作條件學習漫畫和攝影。1922 年，他成立了「歡笑動畫片公司」，後他又開辦了「免費動畫學習班」，為的是集合人力來製作動畫片。

在迪士尼的喜好下，他不斷地為自己制訂下一個目標，衝擊理想高峰。1928 年 11 月，短片《威利號汽船》一炮而紅，所有人都大贊這部從未打過廣告的新片。米老鼠從此成為迪士尼帝國的「首席形象代言人」。27 歲的沃爾特‧迪士尼作為編劇、導演和製片人成了好萊塢新偶像，他的工廠也躋身為新銳的獨立製片廠之一。

他一生中獲得了 27 項奧斯卡金像獎，是有始以來獲得此獎項最多的人。1955 年，由他投資創建的狄斯奈樂園成了全世界兒童夢寐以求的地方，被人們稱為卡通世界的上帝。

　　美國最年輕的億萬富翁邁克戴爾，因對電腦的喜愛，在大學讀書時就組裝電腦賣，感到不過癮便開辦電腦公司，是何等令人欽佩。埃裏森因喜好甲骨文而放棄了哈佛學業，毅然決然做自己喜歡做的事，並賺取 260 億美金。

　　就像沃爾特‧迪士尼所說：「一個人除非做自己喜歡的事，否則很難有所成就。」成功必有方法，失敗定有原因！他們的成功基於他們有卓越的行動力，以使得他們在遇到困難時依然堅持不懈。那他們卓越的行動力又源於何處呢？我們不難看出，正是他們做的事情，都是自己喜好的、熱衷的，所以他們願意為其付諸行動，並立刻行動。做自己喜歡做的事，是馬上行動的驅動器，是卓越行動力的基石。

　　有句諺語說得好：一等二靠三落空，一想二幹三成功。只有付諸行動，並堅持到底，成功就是件極為容易的事兒。正如莊子所言：「吾生有涯，而知也無涯，以有涯逐無涯，殆也。」經歷過多年的學習，但所獲得的成果，卻只能讓自己停滯在原地，難以向前跨進一步。之所以這樣，就在於，他把學習當作目的了。一位百戰百勝的將軍說過：在行動中學習，為達到一定目的去學習，才能學得更快、更好。

　　成功者之所以有卓越的行動力，是因為他們「想到」了，並「一定要」做到、得到；是因為他們選擇了自己喜歡做的事，因為這樣可以激發他們想立刻為之去行動。他們的成功源於他們的不斷嘗試，每一次的嘗試都基於行動之上，所以他們可以成功。讓我們現在就複製他們的卓越行動力，那不是件難事，只要你想，並「一定要」

成功，相信自己，立刻行動吧！

心得欄 ---------------------------------

把帽子丟過高牆——心存常志

諸葛孔明曾說:「志當存高遠。志者,心也,超然於物外,方能品味極致人生。」此話道出了立志對人生的重大意義。人各有志,但有一點是相同的,那就是胸有「鴻鵠之志」,才能產生大動力、大意志,個人的天才和稟賦才能得到最大限度的開發與挖掘,人生的格局才能樹立一個好的開端。

卡耐基說過:「朝著一個目標走是『志』,一鼓作氣中途絕不停止是『氣』,兩者結合起來就是『志氣』,要想成功,必先立志。立志是成功的一半,立志能使人進步。」

「有志者事竟成。」首先,人活著應該先立下志向,有了志向,才能給人以奮鬥的動力,最終達到成功春秋時期,吳越相爭,越敗。勾踐被迫給吳王養馬受盡了折磨。在後來的日子裏,他得到了回國的機會,立志要雪恥復國。此後,勾踐勵精圖治,使越國強大起來,最終他揮師滅吳。

秦末,陳勝年輕時,給人做僱工。一次,他對其他僱工說:「如果我們中有誰將來富貴了,可不要忘了別人!」別的人說:「你怎麼會富貴呢?」陳勝歎息道:「燕雀焉知鴻鵠之志哉?」最終他成為了

一位傑出的農民起義軍領袖。

　　李白幼時很是聰明，他的父親也是一個很有文學修養的人。李白剛剛懂事的時候，有一次聽到父親在書房裏朗讀《子虛賦》，那優美動聽的文詞，使李白入迷出神。開始，父親以為他聽不懂，後來父親發現每當他朗讀詩文的時候，李白便到父親跟前，眼睛盯著父親，認真聆聽。有時竟隨著父親感情的起落表示悲歡。於是，父親便留他在書房裏一塊學習，一塊朗誦。幼時的李白幾乎每天都是在書房裏度過的。

　　在父親的教育下，李白「五歲誦六甲」，「十歲觀百家」，十五歲開始學寫文章和詩歌。他最早寫的《惜餘春賦》、《明堂賦》、《大獵賦》都曾受到文豪的重視。

　　但是，少年時的李白，在學業上也不是沒有發生過動搖的。他在四川眉州象耳山讀書的時候，一度對學習的艱苦和緊張適應不了，曾想中途放棄學業，做一個自由自在、隨意飄游的浪子。一天，他離開象耳山，正走到山下小河邊時，遇見一位頭髮花白姓武的老大娘蹲在河邊磨鐵杵。李白好生奇怪，走上前去問大娘在於什麼。武大娘指著鐵杵說：「要把它磨成針。」李白以為老大娘在拿他開心，不相信老大娘的話，問道：「這麼粗的一根鐵杵，能把它磨成針嗎？」老大娘意味深長地對李白說：「只要功夫深，鐵杵磨成針。」李白聽了心裏不覺一怔，頓時感慨萬分，獨自一人在河邊沉思了很久，從中得到極大的啟發。於是，他立志要完成學業，成為一個大文豪。

　　從此，「鐵杵磨成針」成了李白的座右銘。正因李白胸懷如此大志，最後終於成為歷史上偉大詩人之一，號稱「詩仙」。

　　要想成功，必先立其志。複製成功者更需立志，因為立志是走向成功的跳板。無志向的人，就如一個無頭的蒼蠅，在人生的道路上東撞西撞的，一世也到達不了成功的彼岸。大凡複製成功者，無一不是先立志，立長志，而後發於行動的。

　　志向基本上決定了一個人將來要成為怎樣的人，志向越高，才華發展得才更快，生活也才更有品質，生命才更飽滿。

　　有一則故事：建築工地上有 3 個工人，他們都在運磚頭，有人問他們在做什麼。第一個工人回答：「我在運磚頭。」第二個說：「我在築牆。」第三個說：「我在蓋大廈。」過了數年後，第一個人仍在運磚頭，第二個則成了建築開發商，第三個則做了一名優秀的建築設計師。

　　這個小故事告訴了我們，志向有多大，我們將來的成就就有多大。所以說，每個人都應該立志，確定自己的目標，並為之付出一番努力。「志不立，天下無可成之事。」這是從古至今的一句至理名言。古今中外，凡有所作為、有所成就者，無一不把這條真理作為自己行動的準繩。

　　像古代的歷史學家司馬遷之所以能夠含辛茹苦幾十年完成《史記》這部歷史、文學巨著，就是因為他從青年時代起，就立志寫一部空前的史書；馬克思立志改革舊的社會，而寫下了不朽巨著《資本論》；居里夫人立志於化學事業而兩次獲得了諾貝爾獎；年輕的數學家陳景潤之所以能在攀登哥德巴赫猜想的數學高峰中，獨步人前，就是因為他上初中時就已立下了摘取數學皇冠上的明珠的雄心壯志……

　　志向如大海中之航標燈，引導人們向既定目標前進。一個人立下了崇高的志向，奮鬥才有目標，前進才有動力，盡而有希望到達光輝的頂點。否則，就會如迷失方向的航船，隨波漂流，今日不知明日事，庸庸碌碌、渾渾噩噩地虛度光陰，空擲年華，白了少年頭，依然是一事無成。因此，欲成事，先立志。我們應把立志作為一生當中的大事來謹慎對待。

　　列寧在讀中學的時候，就立志，一定要做一個有益於社會的人，他認為，要做一個有益於社會的人，就必須付出艱苦奮鬥，戰勝一切困難。

　　正如高爾基所說：「一個人追求的目標越高，他的才能就發展得越快，對社會就越有益。」為了執著追求五彩人生的真諦，他們具有共同的崇高理想境界，認為假如無崇高的遠大志向、遠大理想，就如一只沒有舵的孤船，只能在大海裏盲目的隨處漂流，有了崇高的理想，就能像一艘乘風破浪的巨輪在大海裏航行。

　　立志，要立大志，胸懷大志，志當存高遠。蘇軾說：「天下有大勇者，卒然臨之而不驚，無故加之而不怒，此其所挾持其大，而其志甚遠也。」抱負極大，志向極遠，它所產生的力量就可能令人驚異和震撼。

　　「萬世師表」的孔子，「十五有志於學」，所謂「不惑」、「知天命」、「耳順」，「從心所欲」、「不矩」就是他在不同年齡階段領悟人生所達到的不同境界。試想：若沒有 15 歲時立志學習道德學問的遠大志向，怎麼會有對後世影響至深的儒家經典呢！

　　在美國芝加哥，有一個人叫做邁克爾‧喬丹，也就是現在的「籃

球之神」，被人們稱為「飛人喬丹」的天王巨星，原本他是一個默默
無名的人，後來由於他迷上籃球，然後就在校隊裏打，但是他心中
有一個志向，那就是一定要成為美國 NBA 最出名的選手，後來，
就是靠著這個遠大的抱負及志向，他不斷的苦練，最終打出了他自
己的天下，成為萬人崇拜的「籃球之神」。

　　一個人要想成功，就要像諸葛亮說得那樣「立大志，仰慕心目
中的英雄」。有了遠大的志向，才能確定自己人生的目標，並不斷地
去實現自己的價值。迪士累利先生說：「不向上看的人往往向下看，
精神不能在空中翱翔就註定要匍匐在地」。

　　古人曰：凡事者，必有志。成事者，必志恒。意思是說，凡是
做大事的人，必定有遠大的志向。成功的人，必定是終生抱定自己
的志向而矢志不移。

　　《勸學》裏云：守志如行路，有行十裏者，有行百里者，有行
終生者。行十裏者眾，行百里者寡，行終生者鮮。的確，立志非常
容易，但如果要想守住自己的志向就不是一件容易的事。這就應了
那句話「無志之人常立志」，要想成功，我們就要「有志之人立常志」，
要對我們所立下的志向矢志不移。「富貴不能淫，貧賤不能移，威武
不能屈」，矢志不移者事竟成。

　　複製成功者的一切優勢是助你快速成功的一條捷徑，但不管如
何複製，前提是，你一定要有志向，只有自己找準了志向，立下了
長志，方可談及下一步如何行動。如不立志者，雖也在複製成功者，
即便他再努力，也會在挫敗中放棄自己的努力，也會在無方向的旅
途中轉得暈頭轉向、傷痕累累。

4

借他人技術，烤自己的金磚

在馬拉松比賽裏，成績優異的運動員都知道一個最重要的經驗，那就是要採取緊跟第一的戰略，在衝刺階段則全力爭取第一，這被認為是馬拉松賽跑中最好的策略。

當然，你不能離領先者太遠，如果太遠了，你最後就會趕不上。但是，如果你一開始就跑在第一位，往往第一個衝過終點線的不會是你。

顯然，我們在提倡「敢為天下後」的緊跟策略時，必須要強調跟進的適度性。這主要是指在策略上應該注意到，要找強大的競爭對手的薄弱環節去創新。要用緊跟著優秀對手的方式，然後用節省研發費用、最後在市場上快速超越的手段，確立競爭中的絕對優勢。跟進有時候也意味著在一定的時候，在一定的時期，要明智地甘當「老二」。

經過專業機構的長期調研已經證明，在市場上，至少有三個品牌是可以活下去的，「老二」不冒風險，又省了很多研發費用，又有「老大」在前面鋪路，做先驅，因此，做「老二」非常好。

很多人崇尚創新，而不少創新者往往是得名得勢而不得利。有

的人則總結出了「不當火車頭,搶掛第一節車廂」的「要訣」。一些專家研究證明:模仿和創新一樣有利可圖。創新者的先入優勢常常能夠使其挖到第一桶金,但是,如果創新者不能建立進入壁壘,創新者的活力將難以補償先期承擔的研發和市場培育成本。

剛開始實力不夠時,採用跟進策略是非常明智的。當然,這個跟進並不是「跟在屁股後頭」,而是有創新地跟進。例如別人做鈣奶,有一家叫娃哈哈的著名公司就做 AD 鈣奶,包裝上也在不斷改進。於是,娃哈哈就贏到了錢。

對於跟進策略的運用,嚴格意義上,這家位於浙江杭州的娃哈哈公司推出的大部份產品都是跟進模仿的,這既節省了大量的前期費用,也減少了市場風險,並提高了新產品推出的成功率。實踐證明,娃哈哈是一家穩健型的企業,同時也是運用跟進戰略最成功的企業之一。

商業競賽往往就是一場馬拉松,笑到最後才笑得最好。由此,我們可以獲得什麼樣的啟示呢?

在模擬技術時代,三星是新力的一個追隨者。但在數字技術時代,三星電子已今非昔比。從「模仿者」到「標杆企業」,三星電子有幾大重點戰略調整至關重要。其中之一是不遺餘力成為品牌贏家。幾年來,三星電子一如既往地堅持產品的高端路線,樹立強有力的品牌形象。在 2003 年美國 INTERBRAND 全球 100 個最有價值品牌調查中,三星電子品牌價值被評估為 108 億美元,名列第 25 位,與上一年的 83 億美元相比,價值上升了 30%,而排名也提升了 9 位,連續兩年成為全球品牌價值提升速度最快的公司。

段 段 段331ororや

ちら段

　　儘管日韓企業還不足以領導新技術的潮流，但是它們卻能夠成為許多新產品的潮流制定者，並常常憑藉此地位享受著比技術發明者更加豐厚的利潤。從沒有技術到掌握技術，日韓的企業是趕超他們的師傅的，他們從落後到學習，從模仿到創新的歷程中，究竟又給予世人什麼樣的啟示呢？

◎借用他人的技術，烤制自己的金磚

　　「二次世界大戰」剛剛結束時，日本企業的技術落後歐美 20 餘年。然而，跨人 20 世紀 70 年代，日本經濟震撼世界的趕超奇跡，卻令人無法繼續無視這個島國異軍突起的技術實力了。這個奇跡的產生，源自大規模引進和模仿歐美的技術。那種由政府參與規劃和支援的有計劃、有步驟的技術引進，幫助日本企業找到了一條迅速改變技術落後局面的捷徑。

　　當然，戰後的日本能迅速在鋼鐵、汽車、電子、數控機床等領域趕上甚至超過歐美，靠的不是被動地模仿，而是主動地學習，並在模仿中尋找到主動。有人說日本人是「花一塊錢買進技術，花三塊錢進行改進創新」。他們並沒有直接使用購入的歐美技術，而是用來肥沃了日本原本貧瘠的技術創新土壤。

　　日本人的模仿主要是建立在「逆向工程」的模式上。其具體做法是，解剖引進的產品，研究其內部的結構與邏輯，在充分理解原有產品的基礎上，尋找改進創新的可能。這給日本企業帶來了有效的學習機會。大量學習的累積，也提供了在模仿中創新的可能。循

環往復，日本企業便迅速在被動引進模仿中找到了主動。

雖然錄影機是美國阿派斯公司於 1956 年發明的，但是，能夠把這個和大容量冰箱一樣笨重的產品縮小到可以便利運載體積的企業，卻是上個世紀 60 年代日本企業界的後起之秀——新力。這個突破最為重要的意義還在於：U-Matric 將錄影機推向了家庭，從而創造了一個全新的產業。毫無疑問，阿派斯和飛利浦提出了創造性的思路，而新力卻操縱了一場革命性的轉折。錄影機的最初發明者們，最終只能對著新力所贏得的豐厚利潤，望洋興嘆。

發動革命的能力並不一定要建立在技術發明的基礎上，把技術商品化並進行高品質大規模生產，也可以做到這一點。新產品往往會在兩種推動力的作用下產生：「技術推動」或者「市場拉動」。

日本企業的「逆向工程」大多是市場拉動的產物，並以大規模市場應用為目的。正是長期以悉心模仿學習來尋求改進創新的過程，培養了日本企業將技術商品化和投入大規模生產的能力。

日本企業極善於引進歐美企業停留在實驗室階段，或只是局限於專業應用的發明，然後尋找突破並將其完善。因為日本人已經非常理解一個東西：大多數新技術，只有在大規模生產應用的條件下，才能夠創造利潤。除了錄影機，為日本企業贏得國際聲譽和豐厚利潤的電子錶和液晶顯示等技術，也極具代表性地說明了日本企業是如何借用他人的技術烤製自己的金磚的。

◎日本靠什麼後來居上？

日本企業並不僅僅滿足於此,他們的模仿改進從未終止在一次性週期裏面。日本企業在滿足顧客需求的基礎上不斷改進,不斷開發新產品,這種週而復始的改進開發,使日本企業的技術實力得到了積累。而長期的積累又為日本企業形成了快速更新產品的獨特能力。這種以模仿為基礎的創新,無疑為日本趕超先進企業帶來了「後發優勢」。

那麼,「後發優勢」又給日本人帶來了多少好處呢?後發出來的又有什麼樣的優勢呢?

後發優勢之一:避免投入大量資源。因為技術的發明以及產業的形成,需要建立在多年的人力、財力和物力的投入之上。「拿來主義」使得追趕中的企業可以避開發明的巨大耗費。

後發優勢之二:極大降低甚至避免風險。投入再多的資源,也不一定能保證預想的成功。在很大程度上,「高風險」就是對突破性技術革命追求的定義。在技術成型的情況下,追趕中的企業卻能夠針對市場,完善改造性的創新工作,更加有的放矢,使企業更有機會成功。

後發優勢之三:後發企業具備足夠的勇氣。被追趕者總是瞻前顧後,只有追趕者才能具備「無知者無畏」的氣魄,因為他們的目標專一而且清晰明確。

當然,需要注意的一點是:只有擺脫了單純而被動的模仿,「後

發優勢」才會生效。否則，後發企業雖然緊追先發，卻只能夠「跟在別人後面吃土」。

◎韓國借「日本模式」，又趕超日本

30 多年前，韓國還處於極度依賴引進日本和美國技術的狀態。然而，30 年後，韓國人的商品已經開始成為世界市場的主角。時代總是不斷前進的，世界也總是不斷變化的。「三十年河東，三十年河西」的畫面總是在世界各地不時地上演著。上世紀 90 年代，一個韓國人寫了一本名叫《從追隨者到創新者》的英文書，宣稱韓國在微電子等領域已經從技術的追隨者脫胎換骨為技術的創新者。

有美國學者讀了該書後不以為然，而日本人更是不屑地認為三星不過是在從日本企業中「偷」技術的基礎上發展起來的。可能，美國學者忘記了一個事實：雖然美國曾經無視日本「只夠用來模仿他人技術」的實力，今天在經濟總體上卻不得不吃力地與日本人交鋒；而日本人更是忘記了，當年自己的同胞在訪問歐美公司時無時不閃的照相機。

在同樣創造了趕超神話的韓國企業身上，人們看到當年日本企業的影子：大量引進、悉心模仿、快速產品更新。韓國的經濟發展之路與當年的日本驚人相似，韓國人的「創新」並非突破性技術革命。但是韓國把「日本模式」發揮到了極致。日本發展什麼產業，韓國就緊緊跟上去。日本戰後集中精力攻克汽車、造船行業，韓國便依葫蘆畫瓢。在家電和半導體等行業，韓國對日本更是亦步亦趨。

憑藉成本優勢，韓國在半導體以及數碼液晶彩電等領域，在綜合實力上已經與日本平起平坐，甚至在局部上已超越日本。如今，在數碼液晶彩電領域，韓國技術也足以與日本分庭抗禮，而日本還將「世界上最大電腦記憶體生產國」稱號拱手讓給了韓國。

從技術層面上來說，今天的趕超環境較之 30 年前顯然更為艱難。而在日趨成熟的產業裏，許多領域的技術格局都為少數企業把握，產業鏈上的利潤再分配極難實現。更重要的是，必須有其他力量的扶助，技術才能成為競爭的利器。也就是說，現階段的競爭，對技術企業非技術之外的能力，提出了更高的要求。

然而，面對如此苛刻的生存條件，韓國卻能夠在短期內給日本帶來種種威脅，就像當年日本給美國造成的巨大壓力一樣。這其中的奧秘又何在呢？其中原因主要有以下兩點，總結起來可以稱為「揚長避短策略」。

1.揚長策略：政府大力扶持，企業極力學習

韓國一直遵循「日本模式」實現追趕超越過程。韓國政府對企業的保護和支持，比起日本政府戰後的所作所為，有過之而無不及。韓國企業在技術上能夠不落後於日本，其中一個很重要的原因，就是在政府的政策和資金的支援下，企業獲取了大量的研發資源。和當年日本人的行為極為神似的是，到日本公司訪問的韓國人，也總是利用各種機會「窺探」日本公司先進的管理和技術，如饑似渴地學習。

2.避短策略：開放的人才戰略，技術之外的比拼

在企業制定戰略和具體運營操作方面，韓國人卻克服了日本企

業保守的一面。進入 20 世紀 90 年代，日本人開始驚恐於這樣一個事實：韓國公司挖走了一個又一個日本最優秀的工程技術人員，甚至高層管理人員。為了在半導體領域與日本拼殺，三星電子高薪聘請了一位原富士通的高層作為公司顧問。而為了使數碼液晶彩電技術趕超日本，三星電子甚至將原日本大螢幕液晶彩色電視機國家科研項目組的負責人都招致門下。

與日本企業相比，韓國企業更懂得，在今天的市場競爭規則裏，技術已不再是一個孤立要素。例如，對於三星的數碼液晶彩電，勞力成本是技術之外的另一大優勢。當然，韓國企業並不會滿足於勞力成本。為了能與日本企業一拼高低，在政府的資金、稅收、土地優惠政策的扶持下，三星電子開始大規模生產目前螢幕面積最大的數碼液晶彩電，以期這種產品在規模經濟的作用下，成本進一步降低。反觀日本企業的戰略卻是：集中精力小規模生產螢幕偏小的數碼液晶彩電，等到技術穩定後再進行大螢幕產品的規模生產。

兩種不同的經營理念導致了一個結果：韓國企業在勢頭上壓過了日本企業。

在品牌上，三星也下足了功夫，這令日本同行企業無從攀比。三星近年來在市場攻略上投入了大量的人力、物力與財力。三星電子負責全球市場宣傳的骨幹，都是該公司從美國一流商學院裏找來的，其中不少都是西方人，這樣做的目的就是為了與國際接軌。

5

動態競爭中的次發者優勢

在企業的市場進入戰略中，先發進入戰略一直倍受推崇。波特曾經指出，先進入市場的企業透過率先建立聲譽、搶佔有利地位、使用最佳銷售管道、規定行業標準，以及設置轉移成本和制度壁壘等方式獲得「率先行動者優勢(First-Mover Advantage)」(也稱先發者優勢)，從而使後進入市場的企業(後發者)在競爭中處於劣勢地位。

然而，隨著現代市場逐漸向以知識和技術為核心的動態競爭轉移，先發者的這種優勢正在逐漸改變。例如，在個人電腦市場上，蘋果電腦是第一個涉足商用個人電腦的廠商，但是它目前的市場地位卻落在了康柏、戴爾等後發者之後。與此相反，許多後發者卻往往超過了先發者而成為了市場領導者。在刮鬍刀市場裏，吉列(Gillette)公司贏了該行業的先發者 Star 公司，成為行業的市場領先者；雖然亞馬遜書店(Amazon)是作為第四個註冊功能變數名稱進入市場的線上書商，但如今它卻成為了全球最優秀的網上書店……由此可見，在當今這個動態競爭的社會裏，先發者不一定必然具備優勢，而後發者也不會絕對處於劣勢。Tellis 和

Golder(1993)已經證明了市場先驅們的失敗率是非常高的,而市場後發者的成功率卻在逐漸上升。先發者所具有的優勢地位已受到了來自後發者的挑戰,而後發者優勢,特別是次發者優勢(Second-Mover Advantage)在競爭中卻日益凸顯。

◎後發中的次發者優勢

在次發者中,最為有利者就是次發者,他們都是一群緊跟先發者的在市場中僅次於先發者的獲利者,有些甚至已經成為了該行業最大的利益獲得者。

次發者優勢是指在先發者之後隨即進入市場的企業(次發者)所獲得的一種競爭優勢。次發者優勢是後進入(Late of Entry)戰略所具有的一種後發競爭優勢。這種優勢主要來源於市場先發者在技術創新、市場開拓等過程中產生的正外部效應,使後發者能以較低成本享有先發者所開拓的新市場、獲得源於先發者的知識等外部性收益,從而實現創新成本的節約和經營效率的提高。憑藉這種後發優勢,次發者不僅能戰勝市場先驅者,而且還能成為市場領先者。

美國學者 Golder 和 Tellis(1993)對美國 20 世紀 90 年代初的市場研究顯示,在他們所研究的 50 個產品的市場中,就有 46 個市場的領先者為後發者所佔據。

次發者優勢是市場後發者所具有的優勢之一,但並非所有的後發者都能形成這種競爭優勢,太晚進入市場的企業仍然會在競爭中處於劣勢。法國學者 Lilien 和 Yoon(1990)研究了法國的工業品市

場後發現，該市場的第一和第二進入者的成功率降低了；而第三和第四進入者的成功率比較高；第五、第六的進入者則相應處於很低的成功率水準。由此可見，次發者是繼率先行動者之後進入市場的第二個或者第二批；次發者優勢可以為多家企業所具有，並不一定成為企業的絕對獨佔優勢。

次發者優勢是相對於先發者優勢而言的，兩者在市場競爭的演進過程中處於此消彼長的過程。次發者優勢意味著先發者存在劣勢；而先發者優勢則意味著次發者具有劣勢。因此，考察競爭的動態博弈過程，長期內並不存在絕對的先發者優勢或後發者優勢。在多次競爭博弈中，企業可能在不同的市場上和不同的時期內獲得不同的優勢。

所以，次發者優勢事實上就是第二個或第二批進入某行業者相對於先發者所具有的一種後發優勢。這種競爭優勢主要表現在：

1.透過對先發者的學習，從而減少經營方面的不確定性和企業經營的「試錯」成本，有效地控制了自己的經營風險；

2.獲得來自同行業先發者的知識外溢，透過低成本的模仿與學習，實現高效率的技術創新；

3.以低成本享有先發者所開拓的新市場，減少企業的市場開拓成本和行銷費用，從而獲得比市場先發者更大的市場潛量；

4.有利於進入更加成熟的市場，獲得在市場形成初期不易獲得的重要資訊，使企業能夠更加準確地實現市場定位：

5.能夠直接採用成熟技術或主流技術，從而避免技術進步、技術突變而引致的低效的專用性資產投資，從而降低了企業的轉換成

本。

◎次發者優勢戰略形成的背景

先驅者們的風險越來越高了，某行業的先發者劣勢主要源自「開拓成本和條件發生變化的風險」，包括先動者可能面臨需求的不確定性、專一投資於早期技術或要求成本，技術突變以及低成本模仿等。具體來說，次發者優勢戰略形成的背景主要有：

1. 企業 R&D 投入的不斷增加

知識經濟越來越佔優勢地位，企業越來越注重研究與開發能力的培養。2001 年，企業家調查系統關於「企業創新現狀」的調研結果顯示，有 62.6%的高新技術經營者認為，企業的核心競爭能力主要體現在企業的 R&D 能力上。同時，近半數的上市公司經營者也持相同看法。對 R&D 的重視必然使企業增加對 R&D 的投入。然而，R&D 費用的增加卻可能導致先發者優勢的弱化和次發者優勢的凸顯。因為先發者對 R&D 投入越大，其產生的知識外溢效應可能越明顯，後發者透過技術購買、人才流動等方式獲得的外溢知識就越多，從而實現低成本的模仿和學習，提高其 R&D 效率，形成技術創新方面的後發優勢。

2. 創新風險正日益加劇

當前，企業面臨著越來越不確定的市場，企業面臨的挑戰也可以歸納成為 3C，即顧客(customer)、競爭(competition)和變革(change)。顧客需求的變化、市場競爭的加劇，以及變革的加速共

同作同，從而增大了企業創新的風險。如今，世界各大公司大規模的技術創新平均也只有 3%～4%的成功率。由此可見，創新可能帶來高利潤，同時也伴隨著極高的失敗率。創新風險的加劇令次發者優勢變得越來越明顯，因為次發者一般都能吸取先發者的經驗，從而有效地控制住風險、避免經營的失敗。特別是次發者可以在前者創新的基礎上進行「創造性模仿」時，這種優勢更為明顯。美國有關機構分析了 1970 年～1980 年期間，美國 13 種品牌處方藥的銷售狀況，發現創新次發者比先發者有著更好的銷售業績。

3. 市場開拓成本正在不斷提高

作為第一個進入新市場的人，先發者本身就負有開拓市場的責任。然而，市場開拓具有顯著的外部效應，先發者承擔了市場開拓的巨大成本，如教育買方、開發服務設施、投資互補品開發等，但是市場開拓的收益卻由先發者和隨後跟進的競爭者共同分享。因此，當市場開拓成本不斷增加時，必然會讓先發者優勢減弱而增強後發者優勢，尤其是次發者優勢。先發者只能「猜」市場，還總是猜不對，就算猜對了也可能因為進入市場太早而遭到失敗。例如，在電子郵件市場中，USA.net 在 1991 年就開始提供電子郵件服務，但當時 e-mail 並不廣為人知，直到 7 年後電子郵件市場才成熟。Hotmail 於是趁機進入了市場，搶佔了 USA.net 辛苦培育了 7 年的市場，並從次發者一躍成為市場的領先者。

4. 新舊技術的更替正在不斷加速

知識經濟同時也是速度經濟,新舊技術的更替正不斷加速,技術更新的週期已由 18 世紀的 100 年縮短至現在的 18 個月,甚至更短。吉爾德的超摩爾定律指出了網路帶寬正以每 6 個月翻一番的速度增長;而日本的電子行業則每隔 30 分鐘就會推出一種新產品。技術的加速演進一定程度上加劇了先發者劣勢,因為先發者可能會發現他們耗資巨大的新技術不被市場所認同,甚至在還沒有投入使用前就被更新、更經濟的技術所替代了。

◎建設好你的次發者優勢

次發者優勢是現代動態競爭中日益顯著的一種後發競爭優勢,次發者透過建立次發者優勢,不僅能改善後進入市場所導致的競爭劣勢地位,還能實現對市場先發者的競爭超越。那麼,作為後者的你,應該如何建設你的好次發者優勢呢?

作為次發者,如果我們知道了以下的競爭策略,那麼它們就能夠讓我們在競爭中如虎添翼:

策略一:積極進行創造性模仿

「創造性模仿」由哈佛商學院教授李維特率先提出的。此後,德魯克又從戰略高度對其進行了精闢論述,認為創造性模仿是「創造性模仿者在別人成功的基礎上進行的再創新。」創造性模仿被稱為「無技術發展」的創新,但德魯克進一步指出:創造性模仿仍具有創造性,因為應用這些技術的企業家比發明家更瞭解發明的意

義。

　　創造性模仿是次發者建立競爭優勢的重要途徑，透過比先發者更透徹地瞭解新技術與市場需求的關係，次發者能為新技術的應用尋求更準確的市場定位，並借助對新技術的創造性模仿來建立競爭優勢。

　　例如，個人電腦的設計思想最早來源於蘋果電腦，但當 IBM 認識到了個人電腦廣泛的市場前景後，便立即透過創造性模仿推出了標準的 PC 機型，迅速佔領了市場。類似的情況也發生在手錶行業，雖然瑞士人率先設計出了石英驅動的電子手錶，但日本的精工手錶卻透過「創造性模仿」後來居上，成為了該市場的領先者。

　　次發者進行創造性模仿的重要前提是技術獲取，他們可以透過產品逆向工程、直接觀察生產技術或操作方法、生產設備購買、技術許可、技術轉讓和引進被模仿企業的人才等多種管道獲取技術。新力的盛田昭夫(1947)就是用 25000 美元從貝爾實驗室購買到了半導體專利，從而為 3 年後新力收音機壟斷美國市場奠定了基礎。總之，次發者可以透過創造性模仿縮短與先發者之間的技術、產品和服務等方面差距，實現對先發者的趕超。

策略二：繼續優化市場定位

　　先發者都是在某個新市場形成初期進入市場的，但此時由於市場需求極不確定以及市場訊息的嚴重不對稱，從而令先發者常常難以進行準確的市場細分與定位。這將導致先發者遭受失敗，卻同時也為次發者戰勝先發者提供了機會，使次發者可能透過更好的市場定位來超越先發者。

次發者優化市場定位，首先是要尋求更好的甚至是新的市場細分方法，並透過新的市場細分去發現全新的市場，特別是要關注那些不受先發者所重視、但卻具備發展潛力的市場。例如，聯邦快遞就透過市場細分發現了「要求連夜投遞小包裹」這一新市場，從而為超越市場先發者美國郵件服務公司提供了契機。

其次，在優化市場定位時，必須選擇與次發企業相匹配的細分市場。次發者可以進入現有市場進行補缺，也可以選擇與先發者在傳統細分市場上競爭，但更有利的方式是在先發者所定義的新型細分市場的框架內進行競爭。例如在飲料市場上，「七喜」汽水的推出，就使可口可樂公司不得不在新的非可樂市場上，面臨百事公司的挑戰。

最後，次發者還必須實施更準確的市場定位，提供使顧客更滿意的產品和服務組合。這就要求次發者加深對細分市場的認識，站在顧客的立場上思考企業的產品和服務。例如，IBM 正是這樣做的，雖然 IBM 的 PC 機在技術上與蘋果公司沒有差異，但 IBM 透過為顧客提供軟體、採用多種銷售管道等方式，使企業獲得了顧客的認同。

策略三：堅持實現成本領先

技術創新最初的主導形式是產品創新，即著重於改進產品性能的創新，只有當不斷的產品創新最終產生「主導設計」，使產品結構趨於穩定後，為降低成本而實現的技術創新才能成為創新的主導形式。所以，先發者通常更注重產品性能的創新而忽略了為降低成本而進行的技術創新。另外，由於先發者往往能憑藉率先進入市場形

成一定程度的壟斷,實施壟斷價格並獲得高額利潤,因此先發者本身也缺乏為降低成本而進行創新的動力。

　　然而,正如德魯克論述「企業家柔道戰略」時指出的那樣,強勢公司有五種不良習慣,它們將導致被潛在競爭者擊敗,其中包括對市場採用「撇油」策略和對高價格抱有幻想。德魯克認為,一時的高利潤,實際上是對後來競爭者的一種優惠,這能使其在較短時間內把領先者從優勢地位上拉下來,自己取而代之。可見,次發者如能比先發者更迅速地實現規模經濟和低成本領先,次發者就能在競爭中勝過先發者和其他競爭者。因為成本領先不僅使次發者能在同一價格水準上獲得比競爭對手更多的利潤,而且成本領先還將使次發者具有價格競爭力,可以透過滲透定價迅速佔領市場,擴大市場佔有率。

策略四:重建競爭規則

　　1994 年,著名學者 Carpenter 和 Nakamoto 提出,獲得後發者優勢的方法是重新定義遊戲規則。因為「如果後發者能重新開始學習過程,它就能重新定義市場,獲得超越先驅者的優勢。」對於次發者而言也是如此,當市場的競爭規則尚未建立時,次發者需要做的是建立並控制遊戲規則;而當次發者進入一個由先發者控制競爭規則的市場時,次發者則可以透過重建規則來獲得競爭優勢。

　　次發者優勢是現代動態競爭中日益顯著的一種競爭優勢,它為後發企業實現競爭趕超提供了一種新的思路。企業要想在全球競爭中後發制人,實現對國外競爭對手的趕超,建立和發揮好次發者優勢,把後發優勢的核心理念把玩得爐火純青,應該是一條必不可少

的有效捷徑。

心得欄

6

學習麥當勞

要談標準化管理，就還是逃不過一個字眼——「麥當勞」。雖然全世界的人都知道它出售的食物不怎麼樣，但是，偏偏它的業績卻是大多數餐飲公司都比不上的，即使那些公司做的東西再好吃，再健康，贏得回頭客都很難。

我們要分析「行為分析法」，其實就是在談每一個細節都必須照著最好的去做，把每一個標準的細節都複製下來，然後嚴格執行。在這一方面，麥當勞無疑是做得最好的公司之一。甚至可以說，麥當勞賣的不是食物，它實際上是在賣標準！

嚴格的標準化管理，是麥當勞的特色，也是成功的關鍵。

麥當勞連鎖公司的創始人克洛克認為：速食連鎖店只有標準統一，而且持之以恆地堅持標準才能保證成功。他最早提出了 QSCV 經營理念，用來強調麥當勞與其他速食連鎖店的不同。所謂 QSCV，是指品質(Quality)，服務(Service)，清潔(Cleanliness)，而 V 就是價值(Value)，麥當勞對此進行了嚴格的標準化控制。

自從第一家麥當勞誕生後的第三年，麥當勞公司便編寫出了第一部麥當勞運營訓練手冊。該手冊說明了麥當勞政策，餐廳各項工

作的程序、步驟和方法。麥當勞公司的運營手冊,經過幾十年的不斷豐富和完善,現在已經成為了指導麥當勞系統運轉的標本,成為了其文化的一部份。

在麥當勞,一切食品都有標準:漢堡包有精確的製作公式、每種食品有標準化的烹調時間、烹調步驟和保存時間,所有的原材料必須向經過核准的供應商購買,外部、內部的建築遵循嚴格的設計,甚至對員工的個人衛生也有嚴格的標準。

該公司還制訂了崗位工作檢查表,把餐廳的服務工作分成了 20多個工作站,每一個工作站都有一套崗位工作檢查表,詳細說明了工作站的工作項目、操作步驟和崗位注意事項等內容。為了保證向顧客提供高品質的產品,它制訂了品質參考手冊。為了貫徹執行公司的理念以及各類工作規範和技術標準,該公司專門為餐廳經理設計了一套管理發展手冊。與管理發展手冊配合的還有一套經理訓練課程。

沒有蘇格拉底就沒有柏拉圖,安德魯・卡耐基在模仿洛克菲勒和摩根,馬蒂斯取法高更的繪畫技巧……這一切都說明一個道理:各行各業都有模仿的對象,而且尋找典範或向贏家求教的效果是十分驚人的。還是以「鋼鐵大王」安德魯・卡耐基為例。他的企業之所以能得到徹底改變,其訣竅就是他善於尋找典範,以典範為榜樣,向贏家學習。

在尋找典範的感悟上,聽聽卡耐基先生是怎麼說的吧:「我們常常說『我們做不到』,那是因為我們只是接觸到一般的人,而一般的人都以他們眼下的成就為榮。」

　　成功經營者的松下幸之助先生，他之所以如此出色，其中非常重要的原因之一，就是在他的心目中還有一個更加出色的經營者——曾任美國通用汽車公司董事長的阿爾弗雷德‧斯隆。對於斯隆，松下的評價很高，他認為斯隆絕對稱得上是「世界上最偉大的董事長」，是一位卓越的經營者，是所有經營者中最值得效法的理想經營者。顯然，向最優秀的典範學習的效果是非常好的。松下幸之助自己也成為了一位卓越的經營者。

　　所以，你一直都需要典範，如果你對這一觀點還持有異議的話，那就請你看看各行各業中的超級巨星吧，他們早已成為了別人的榜樣，卻仍然在不斷地尋找典範。這些成功人物始終鞭策著自己接受新挑戰，超越自己，再建立新的目標。

　　如果你想在自己的行業裏成為未來的頂尖高手或行業領袖，就必須鐵面無私地評估自己的目標和能力，然後找一個典範，作為模仿學習的對象，甚至如果你肯努力的話，超越原來的學習對象也絕非難事。

7

必定成功公式

成功是否有捷徑，或者說有可知的路途呢？答案是「有」。所有那些表現傑出的人士都在循著一條不變的途徑，達到了成功，我把這條途徑稱為「必定成功公式」。

「必定成功公式」共分為四個步驟。

第一步：要求。要知道你真正所求的，也就是要精確地界定你所要的。

第二步：做法。要知道該怎麼去做，知道達到目的地的路線。不知道怎麼去做。你就只是在做夢，你應該立即採取最有可能達成目標的做法。當然，這個方法在實際執行時不一定能奏效，此時你就得進行第三步了。

第三步：敏銳度。要發展出敏銳感應來辨識各類回饋信號，同時還應快速地從進行中的結果，研判你的行動是接近還是遠離目標。如果不是預期的結果，你就要記錄下來，就像你學習其他人的經驗一樣。接下來你就進入第四步。

第四步：適時變通。要發展出達成目標的變通能力。社會總是在不斷的變化中前進的，因此，每一個人都應該在適應變化中發展

自己，透過向最成功的人學習，不斷增強自我實現目標的能力。

以上就是必定成功的四大步驟，或者叫「必定成功公式」。

必定成功公式：成功＝要求＋做法＋敏銳度＋適時變通。

如果你仔細留意成功者的做法就會發現，他們就是遵循這些步驟，獲得成功的。一開始先有目標，否則不可能一發即中；然後採取行動，因為坐而論道是不夠的；接著是擁有研判能力，知道回饋的性質；然後不斷修正、調整、改變他們的做法，直到有效為止。

我們借斯皮爾柏格的成功之路來解釋一下我們提出的「必定成功公式」。

美國人斯皮爾柏格，在他 36 歲的時候，他就成為了世界上最成功的製片人。在世界電影史上的十大賣座影片中，他一個人囊括了四部，其中包括收入最高的《E.T.外星人》。那麼，你是否想過，他是如何能夠在非常年輕的時候就會取得如此成就的？

如果你真的想知道，我們就用這個「必定成功公式」來分析一下，看看他是否符合這個放之四海而皆準的公式。

在十二三歲時斯皮爾柏格就知道，有一天他要成為電影導演。在他 17 歲那年的某一天下午，當他參觀環球製片廠後，他的一生就改變了。因為當他得以窺知全貌之後，當場他就決定要怎麼做了。他先是偷偷摸摸地觀看了一場實際電影的拍攝，然後再與剪輯部的經理長談了一個小時，最後才結束了參觀。

對於許多人來說，也許故事就到此為止了，但斯皮爾柏格可不一樣，他的與眾不同之處就在於，他知道自己要什麼。從那次在電影製片廠參觀裏，他知道了自己必須改變做法。於是

第二天，他便穿上了一套西裝，提起他老爸的公事包，在裏面塞進了一塊三明治和兩根糖棒，然後就重回到攝影棚現場，假裝自己是那裏的工作人員。當天他故意地避開了大門守衛，找到了一輛廢棄的拖車，並用一些塑膠字母，在車門上拼成了斯皮爾柏格、導演等字樣。然後，他利用整個夏天去認識各個導演、編劇、剪輯，終日流連於他夢寐所求的世界裏。他在從與別人的交談中學習、觀察併發展出越來越多關於電影製作的敏銳感來。

終於在 20 歲那年，他成為正式的電影工作者。他在環球製片廠放映了一部他拍得不錯的片子。這也為他獲得了一份為期七年的合約。接著，他導演了一部電視連續劇，並且小有成就。終於，他的夢實現了。

看完上面的簡介，你認為斯皮爾柏格是否循著「必定成功公式」的路線在往下走呢？

是的，絲毫不假。他知道他所追求的，也知道如何去做，更具有研判未來變化的敏銳感，再伴隨變通的彈性，終於達成心願。

事實上，世界上任何一位成功者都跟他一樣，總是在致力於改變自我並適時變通，從而都達致了自己預先所企求的人生。看到這裏，你會有什麼啟發呢？

8

模仿也能發達

　　一位先生在一家全國性大型零售企業擔任高級主管。幾年前，我登門拜訪，向他推銷一款技術含量很高的市場行銷工具，這是由國外一家新公司開發的。該工具在新型行銷軟體中植入了語音識別技術，而朋友這家公司恰恰以行業潮流的引領者聞名於世，因此這款工具似乎就是專為他們量身定制的。幾番交流之後，他提了一個問題：「這是全新的理念，還是已經處於應用階段了？」

　　自豪而肯定地說，這款工具完全是新開發的，而且他們公司也是我第一個登門造訪的客戶。

　　「要是這樣的話，」他竟這樣答道，「我們對此不感興趣。」

　　當我問及其中的原因時，這位朋友解釋說：「我們公司的原則是，絕不做第一個吃螃蟹的人，我們只考慮已有人嘗試過而且是管用的東西。」

　　頓時目瞪口呆，無言以對。不過，這種反應應該也是情有可原，因為從紐約到雪梨，強力推行創新已成為高管圈子裏的一種風尚。創新是一股強大的力量，已成為企業生存、發展與繁榮的重要因素。創新是壟斷利潤的源泉，在模仿者出現之前，這種壟斷利潤可以源

源不斷。但是，模仿者終會以不可抵擋之勢如約登場，漢堡速食連鎖店白色城堡(White Castle)的創始人沃爾特·安德森(Walter Anderson)早在 1921 年就開創了標準食譜速食連鎖店的經營理念與經營體系，可謂是創造和實踐這一經營模式的鼻祖。然而他卻只能眼睜睜地看著競爭對手接踵而來，把店面設計和運營流程等各個方面全盤抄錄而去。沒過多久，部份精明幹練的模仿者便有了後來居上之勢，而這個行業的原創者，卻在隨後轟轟烈烈的行業競爭中，成了無名之輩。

許多模仿者卻做得非常成功，反倒是創新者消失在了歷史的塵埃之中。而像麥當勞這樣成功的追隨者，它們的經營體系反過來也會被下一代模仿者所複製，例如拉力漢堡(Rally's)就從別人那裏學來了「免下車服務」的理念。後來，當麥當勞調整食譜，要為顧客奉上健康食品時，百勝餐飲(Yum Brands)又緊隨其後，在它屬下連鎖店塔可鐘(Taco Bell)和必勝客裏如法炮製，並且在吸引早餐和晚餐客人方面也有樣學樣，與麥當勞爭得如火如荼。

再例如百代公司(EMI)，它最早於 1973 年推出了 CAT(電腦化軸向斷層攝影)掃描器，但不到 6 年時間，便喪失了市場領導地位。2 年後，百代唱片公司徹底退出掃描器業務，將市場讓與通用電氣等後起之秀。皇冠可樂(RC Cola)也遭遇了同樣的命運。當時，低糖可樂等創新產品一經推出，可口可樂、百事可樂便迅即借為己用。新力公司於 1981 年推出數碼攝影技術，可是沒過多久，日本傳統相機製造商和後來者美國惠普公司反倒佔了上風。

同樣的例子比比皆是。大來俱樂部(Diners Club)是世界上第

一家信用卡發行機構，而今市場已被維薩、萬事達、美國運通統治，大來信用卡所佔比率幾乎微不足道。遙想當年，大來俱樂部奮力苦戰，向各大銀行、商家、公眾推廣嶄新理念時，這三家公司沒有一個參與其中。又例如，美國宣威公司(Sherwin-Williams)發明了可在 35 華氏度(約 1.67 攝氏度)下噴塗的新型外用油漆，率先打破油漆噴塗的季節限制，可是不到 3 年，其他塗料公司紛紛效仿，推出競爭產品。

◎模仿步伐逐年加速

　　人類以及其他物種之所以能夠克服惡劣環境生存下來，製造工具、戰勝競爭對手、超越頭號角色，所依靠的無一不是模仿。人類已經明白：只要有些基礎，就無需另起爐竈。隨著通信技術與交通方式的不斷進步，模仿事業迎來了蓬勃發展的機遇：全球化與技術進步大大提高了模仿者的地位，同時也讓模仿的可行性更強、成本更低、速度更快。

　　19 世紀出現的新技術用了 100 年的時間才被開發中國家消化吸收，相比之下，20 世紀後半葉產生的各種發明平均不到 2 年便被他人複製而去。新產品推出後出現大範圍模仿的平均時間從 1877～1930 年間的 23.1 年下降至 1930～1939 年間的 9.6 年。1940年以後，這一時間降為 4.9 年，模仿者介入時間下降了 2.93%。從創新到模仿的時間間隔從 1961 年的 20 年下降到 1981 年的 4 年，再到 1985 年的 18 個月。

幾乎每一種新的成果被模仿的速度均在明顯加快。

1982 年,仿製藥只佔美國處方藥市場的 2%,但到 2007 年,這一比例攀升至 63%。20 世紀 90 年代初,抗心絞痛藥合心爽(Cardizem)專利權期滿後不到 5 年,便把 80%的市場輸給了同類仿製藥;10 年後,抗高血壓藥卡度雷(Cardura)在 9 個月內,喪失了差不多同一比例的市場;抗憂鬱藥百憂解(Prozac),美國禮來製藥公司(Eli Lilly)的拳頭產品,僅在短短 2 個月內就喪失了 80%的市場。

◎模仿者的優勢

1950 年,在英國法恩伯勒航空展上,波音公司總裁比爾‧艾倫(Bill Allen)看到彗星飛機(Comet)後,立即意識到,民用航空的未來必將取決於噴氣推進技術。即使彗星飛機多次發生墜毀事故,波音公司和麥道公司仍在前人失敗的足跡中尋找希望,最終開發出波音 707 和 DC-8,並主導了市場。

IBM 公司,曾被現代管理之父彼得‧德魯克(Peter F.Drucker)稱為「全球首屈一指的創新型模仿家」,同樣也是尾隨雷明頓‧蘭德公司(Remington Rand)推出商用大型電腦,並迅速佔領了市場的領導地位,這時與原創產品上市相隔不到 4 年。此外,IBM 還從蘋果、康懋達(Commodore)等各大品牌機中博採眾長,整合優勢,率先創造了具有商業利潤的產品,在個人電腦領域,再次上演了昔日的輝煌業績,不過後來還是讓康柏(Compaq)和戴爾的仿製電腦給

取代了。

　　這種現象的例證比比皆是。日本任天堂遊戲公司(Nintendo)是美國阿塔里公司 1975 版《乒乓》視頻遊戲的七十五大模仿者之一，後來卻成了行業旗手。康納週邊設備公司(Conner Peripherals)1989 年仿製普來利泰公司(Prairietek)的 2.5 英寸硬碟，佔領了之前開拓者 95％的市場；同樣，網景瀏覽器(Netscape)模仿斯普萊公司(Spry)，並佔領其市場，後來又敗給了微軟公司的瀏覽器。本田、豐田汽車公司則選擇韜光養晦，先讓福特、通用成為克萊斯勒小型麵包車的第一批模仿者，繼而再用自己的車型將它們擠出市場。這些例子看似趣聞軼事，其實不然，很多研究確實表明，即使緊隨其後的第二先行者，甚至後來的晚進者，照樣能做得非常成功。

　　很多模仿者不過是步入後塵，反倒取得了成功，這是什麼道理？

　　因為創新者和開拓者鋪平了道路(並且付出了代價)，讓模仿者不費吹灰之力，便可坐享其成。這樣不僅節約了研發費用，還減少了行銷成本，因為客戶的思想已經受到了影響，願意使用新產品、新服務。另外，創新者一旦創新失利，還有可能陷入死局，例如，新力公司推出 Betamax 盒式磁帶錄影機格式，但由於在關鍵設計上偏離了主流，得不到眾多廠家支持，最終被淘汰出市場；而創新藥公司開發的新處方藥一旦被證明無效，同樣會遭遇滅頂之災。相比之下，模仿者就完全可以避開這些危險。

　　一旦有了後知之明，模仿者便能避開早期產品的各種缺陷，從

而獲得更大利潤。例如迪士尼公司，它不僅綜合利用了早期動畫工作室的技術創新和組織創新，而且還「認識到當前卡通動畫的種種局限：過度依賴連環漫畫的人物角色，故事情節單薄無力，甚至生搬硬造，總是翻來覆去地使用愛情追逐之類的慣用套路，主人公缺乏個性，視覺效果粗糙低劣等」。

模仿者不必承擔開拓者必須承擔的投資，因此有條件對原創產品進行修改調整，以迎合消費者不斷變化的口味，他們甚至可以超越當前階段，直接進入下一個技術時代。在韓國，很多製造企業都是如此，以三星為例。起初，三星曾在模仿技術領域處於落後地位，毫無希望可言，但是後來，它翻身一躍，直接跨入了數字時代。透過觀察市場反應，模仿者可以更好地修正產品、定位產品，讓利潤回報更穩定、更可觀。

企業生產率提高、收益增加，主要原因不在原始創新，而是後續改進，因此，模仿者通常具有更好的定位，它們為顧客提供的產品和服務不但品質更好，而且價格要便宜得多。由於模仿者需要重走創新者走過的很多路程，雖然不是全程重走，模仿成本卻也不容小覷；可是，即便如此，在大多數情況下，總成本仍然要低很多，一般只及創新成本的 60%～75%。在微利時代，如此巨大的缺口必將產生深遠的影響。模仿者因此能夠採取各種競爭措施，例如，制定明顯較低的價格(讓利消費者)，提供品質更優的產品(或服務)，建立更好的銷售系統與服務管道，或者讓客戶享受時間更長、品質更優的保修服務(彌補品牌知名度低的缺陷)。當然，節約的成本也可以投入到創新中來。

　　「驕傲自滿」是創新者和開拓者的一大毛病，他們在成功面前沾沾自喜，洋洋得意，對身後暗藏的危機不屑一顧。相比之下，模仿者後來居上，自然對步其後塵的其他追隨者存有戒心，隨時準備好反擊自衛。

　　通常，模仿者不願與原創者同聲同氣，他們要活出自我，所以更加關注那些可以扭轉局面的新技術。當年，有聲技術和彩色技術出現後，動畫工作室的創始人不願意採用，而迪士尼卻當即意識到新技術的無限前景，並大加運用，最終成了行業領袖。最後，模仿者一般會採用多個模型，這也常常提醒他們，前進的道路不止一條。這樣的思想認識又預示著深層次的模仿和集中式的創新。大多數有利可圖的創新往往具有強烈的模仿色彩，人們不必為此大驚小怪。

◎模仿的面貌會悄然改變

　　在過去，模仿之事往往純屬巧合。麥當勞之父雷‧克羅克對奶昔機進行銷售拜訪時，無意中發現了麥當勞餐廳的原型。日本汽車企業的經理們在匆忙參觀美國超市期間，注意到商品可以自動補充，因此大受啟發，發明了即時生產系統。

　　這些幸運的巧合絕不是深思熟慮、精心策劃的結果，一旦情況發生變化，同樣的機遇就會與人們失之交臂，難以把握，這點並不奇怪。現代行銷學奠基人希歐多爾‧萊維特(Theodore Levitt)在調查各大龍頭企業時發現，「沒有任何公司頒佈過任何政策，來應對其他公司的創新。」因此，即便模仿工作已經啟動，也往往動力不

足,最終半途而廢。例如,雷明頓打字機公司(Remington)和史密斯打字機公司(L.C.Smith)急欲模仿市場領導者安德伍德公司(Underwood)全新設計的打字機,希望與其競力角逐,但均未打敗安德伍德,也沒有獲得重要市場佔有率。

即便先行者或早期追隨者已經樹立不可逾越的領導地位,或其產品已經大舉湧向市場,但仍有很多模仿者能夠順利尾隨其後,獲得成功。不過也有其他模仿者,能力趕不上競爭對手,卻盲目照搬他們的套路,最後在模仿的道路上栽了跟頭。

放眼觀看電腦行業及其兩大領導者惠普和戴爾,不難發現,模仿既有無限前景,也有重重挑戰。惠普是以創新為動力的公司,因其未能充分利用自己高超的創新本領而飽受外界批評。一旦競爭壓力開始增加,惠普公司就會削減研發費用,轉而利用合作夥伴的技術,從行業領主搖身一變,成為標準件生產商,同時壓縮供應鏈投入,以節約成本。於是,惠普公司各項業務紛紛轉向創收技術,它還與康柏公司合併,大大減少了創新開支。惠普公司從傳統的創新轉向了所謂的「集中式創新」,從此以「發明能夠創造商業價值的技術與服務」為公司目標。儘管惠普並未對此詳加解釋,但這意味著,如果創新不能夠帶來更好的商業效益,公司寧願放棄創新,選擇模仿。

同樣,戴爾也在尋求集中式創新,但出發點相反。由於在技術上缺乏競爭優勢,戴爾選擇了「在產品上市時間上進行創新」,它採取直銷手段,同時降低產品創新開支。

戴爾的研發支出只有惠普的 1/4,戴爾當時的首席執行官凱

文‧羅林斯(Kevin Rollins)說出了內心的疑惑:「如果創新真是一把競爭利器,那麼為何沒有轉化成獲利能力?」為了彌補創新上的不足,戴爾公司需要嚴重依賴於模仿其他公司的產品設計和技術,用一位分析家的評論來說:「只有當創新可以增加自身的核心優勢時,他們才會去創新,否則,他們會選擇模仿。」

後來,競爭對手將戴爾的直銷模式複製而去,同時又不放棄自己的零售管道,並且準備將生產外包給亞洲國家的工廠。此時,戴爾的成本優勢蕩然無存,直銷戰略土崩瓦解。接著,戴爾開始轉向惠普公司青睞的零售管道,不過,一位分析師悲歎道:「問題在於戴爾徒具銷售管道的名號,卻沒有相稱的成本和能力。」

這個故事告訴我們,模仿至少應該是全局戰略的組成部份。實施模仿之前,必須權衡相關背景和內在能力。而且,模仿要與創新緊密地聯繫起來。

◎創新型模仿:融合創新與模仿

水準高超的模仿者中會吃驚地發現,他們中有很多也同時被譽為創新者。沃爾瑪、IBM、蘋果、寶潔、宣威、卡地納健康(Cardinal Health)等莫不如此。通用電氣,既是眾所週知的創新者,也是最擅長模仿的公司之一。通用電氣正是運用模仿策略戰勝了那些具有卓越技術的競爭對手。通用電氣向來具有模仿別人、借鑑別人的傳統,例如模仿沃爾瑪的快速市場情報,和借鑑惠普的新產品開發方法。

這類公司,我們稱之為創新型模仿者。創新型模仿者明白這樣

一個道理：模仿不但不與創新衝突，而且還非常有利於創新。百事可樂前高級副總裁兼財務主管萊昂內爾· 諾埃爾(Lionel L.Nowell)說：「雖然我們正在努力創新，我們還是希望瞭解一下別人現有的成果，所以呢，您可能覺得很好笑，有些創新竟是由模仿推動的，」結果，「就算我們寄希望於模仿，我們得說，我們要做得更好，讓模仿成為創新。」寶潔前首席技術官吉伯特· 克洛伊德(G.Gilbert Cloyd)指出，差異通常不是來自新元素，而是現有元素的組合方式(組裝結構或組合結構)。

何時標新立異，何時模仿求同，對於創新型模仿者來說，他們都有清醒認識，並能據此做出理性決策。用美國卡地納健康集團董事長兼首席執行官克裏· 克拉克(R.Kerry Clark)的話來說，創新型模仿者心裏明白自己需要「調配並融合創新與模仿」。例如，寶潔公司認為，創新是讓自己與眾不同的關鍵，可是寶潔前經理克洛伊德又說：「在具備求同要素的情況下，如果別人想出了更好的工作方法或生產方法，那麼你就要採用；就算給消費者帶來的效益不直接或不明顯，也不會覺得非要另謀出路來展示你的獨特不可。」諾埃爾的看法與之不謀而合：「創新在我們看來是一種顯而易見的競爭優勢；模仿(的目的)只是……為了保障我們不失去優勢。」

對創新型模仿者而言，創新與模仿的融合點往往發生在關鍵戰略交點(key strategic junction)附近。例如寶潔公司，這一交點就是客戶體驗，用他們公司的行話來說，也就是兩個「決定性時刻」：一個是購買決定，一個是使用體驗。

創新型模仿者同時具有創新者和模仿者的能力，並以此為基礎，

實現進一步發展。這些能力包括對海量信息和數據進行分門別類的能力和對不同領域、不同學科的知識庫進行統籌駕馭的能力。另外，創新型模仿者在對複雜現實建立模型時，可以有效防範貌似簡潔、其實不然的偽模型，在面臨玄機重重的多面謎團時，可以條分縷析，將謎團逐一肢解成各個清晰可辨的部件，同時謎團的整體結構又不致影跡全無。

創新型模仿者還知道如何發揮和利用模仿所特有的性質。他們能進行廣泛的即時搜索，能同步借鑑多個模型，能理清產品與市場或模型與市場之間的關係，能快速而有效地實施模仿，總之，他們能在瞬息萬變的環境中相機行事，從容應對。創新型模仿者用創意來模仿，積極投身到羅馬人所謂的創造性模仿事業當中。

正如歐洲企業家在當代制瓷技術中融入中國傳統制瓷技術一樣，創新型模仿者也能在自己的創新才能和對客觀環境的獨特認識中，融入各種模仿元素。這樣一來，創新型模仿者從「驕傲地發現」轉移到了寶潔所謂的「聯合與發展」。在寶潔，他們採用「開放式創新體制」，用金錢獎勵發明創造，消除了內外障礙，讓思想得以自由流動。寶潔當初定下目標，1/3 的新產品創意要來自公司外部，在這一體制下，寶潔早已超額完成目標，結果不僅降低了成本，縮短了上市時間，更是提高了捕獲相關創意的幾率。

第 **4** 章

企業可以靠著模仿而成功

　　百事從模仿中趕超可口;微軟成功就是
從模仿開始的;在模仿過程中,企業必須確
立自己的個性。不是簡單的盲從,借助有效
的模仿,企業仍可樹立與眾不同的形象,採
用與眾不同的個性特徵或標記,並建立善
於抓住各種新機會的、時刻保持警覺的組
織機構和管理部門。

1

國家也可以模仿

　　學習與借鑑、模仿與創新，這些字眼是每個人都逃不過的。因為每個人從呱呱墜地，咿呀學語，直到與世長辭，事實上都在與這幾個詞打交道，為自己的生存、發展與成功而努力，為人類的不斷進步而貢獻力量。

　　而每當談到模仿與創新的話題，人們便會迅速地在頭腦裏搜索到一個關鍵字：「日本」。是的，日本毫無疑問是世界上最懂得模仿甚至是複製的民族。而且，這個民族善於模仿並在此基礎上進行創新的歷史，淵源非常深遠。當今世界上，最成功的模仿者必定要首推日本。

　　一本《菊與刀》的書忠實地描寫了日本人是如何相奉強者的。他們不會對弱者抱有半點同情心，而對強者則可以匍匐在地。「二次世界大戰」後，日本全方位地模仿或者乾脆拜美國人為老師，原因就是美國人用原子彈征服了他們，他們便順從美國。

　　日本人無疑是最善於學習的民族，這從他們在短短幾十年間就從廢墟中崛起，並成為世界上僅次於美國的經濟強國的事實可以證明。日本人比其他民族更善於學習和模仿，並且都取得了卓越成效，

這是早有先例的。

當中國大唐王朝成為列國中最強盛者時，最虔誠的學生就是日本。近代，工業革命後的歐洲逐漸成為世界最強勢力之時，日本又開始了全盤西化的「明治維新」。當然，關於日本模仿最強者的事蹟還有很多很多，有時，日本甚至會用到模仿的最高境界，也就是「超級模仿」——複製。那麼，就讓我們這個「超級模仿」的話題，從日本複製大唐長安城開始談起吧。

◎日本古都模仿長安建造

有一位從中國西安出發的旅客，去到日本古城奈良。很快。她就驚訝地發現，這座日本古代的首都，居然跟長安古城很像！

當她走進日本奈良，很快就感受到了一種回歸自然的愜意，也體會到了深刻的文化震撼。奈良古城裏的廟宇所蘊涵的濃厚唐風，更給了身為漢唐子孫的她一種回家的感覺。據日本導遊介紹，奈良城裏著名的觀光名勝平城京，就是模仿大唐時代的長安城建造的！

奈良城市和中國有著非常深的淵源。其平城京曾是日本的都城，地處今奈良市西郊。西元 710 年，日本元明天皇遷都於此。平城京東西約長 4.2 公里，南北約有 2.7 公里，中央一條寬 85 米的朱雀大街，將平城京分為左京和右京。朱雀門通向的平城宮設有太極殿、朝堂、朝集殿等，這些都極似長安。

平城京在日本歷史中具有重要的地位。日本直到 7 世紀為止，之前只要天皇換位就要遷都一次。可是，大約到了 7 世紀，隨著與

中國大陸交流的頻繁，日本出現了模仿大唐的風潮，並試圖透過建造氣勢恢弘的都城展示國家的威信。最初的都城建造在奈良縣內的藤原京，由於這個地方土地狹窄，僅僅過了 16 年，藤原京就被平城京代替，日本歷史也由此進入了輝煌的奈良時代。

據文獻記載，中國對日本的文明輸出，自秦朝就開始了。大批漢人的東渡，給日本帶去了中國的水稻栽培、養蠶、制陶、冶鐵、建築等技術，也帶去了儒家思想、道教和佛教，從而奠定了日本在科技、文化和宗教方面的基礎，加速了日本向文明社會的發展。尤其是西元初期漢字的傳人，極大地促進了日本文化的發展，並為後來日本文字(假名)的產生奠定了基礎，從而結束了古代日本只有語言而沒有文字的歷史。

中國對日本的文明促進，到大唐時代達到頂峰，用日本文獻中的一句話概括，就是「百事皆仿唐制」，連當時新建的國都奈良，都是完全效仿中國唐朝都城長安的風格與佈局。直至今日，日本尚保留著中國唐朝的某些遺風。

對中國大唐的「百事皆仿唐制」，使日本人在自己的歷史書上留下了一個曾經舉足輕重的詞——「唐風」。而它也成為了日本人心中的文化基盤。

作為「唐風」的標本，奈良見證了日本接受外來思想的開端。因此，在許多日本人心目中，奈良時代始終是日本透過與外界交流逐步建立國家，並形成日本文化基盤的時代。

自從達爾文的《物種起源》問世後，認同他理論的人，大概都不會介意別人稱自己是猴子的後代吧。如果每個人都是猴子，那麼，

日本人可能是最聰明的猴子。他們不善於單純的發明創造，卻擅長於模仿和改進一切優秀的東西。日本民族沒有產生過一個足以影響世界歷史的巨人，但每個歷史階段，它都能透過或主動或被迫的創造性學習，成為在總體上僅次於老師的老二。而在某些局部，它的創造性改進甚至還超越了老師。

一千多年前，當李世民的大唐王朝成為世界最強盛的國家時，她巨細無遺地學習中國，直到今天，她依然是盛唐文明的活化石！到了近代，當維多利亞的大英帝國成為世界最強時，她又最迅速地移植了工業革命的成果，她至今還是外表上最紳士化的東方民族！

在近代，日本人曾經兩次表現出不能滿足於僅僅充當世界第二號角色的行動。第一次，她向同樣移植了歐洲工業革命成果的「巨無霸」俄國挑戰。在這場戰爭中，她借了自己第一個老師中國的土地作為戰場。僥天之幸的是，這一場蚍蜉撼大樹的決鬥，居然日本取勝而告終。

在英國一枝獨大時代的後期，腓特烈大帝的德意志很快成為了世界頭號強國，於是，頭腦裏總是被「模仿哲學」主宰的日本人，又立刻照搬普魯士的軍國主義。直至後來與「戰爭狂人」希特勒的德國結盟，向新的世界頭號霸主美利堅挑戰。這是她第二次不甘於「世界第二」地位而做出的大舉動。非常不幸，這次螳臂擋車的決鬥，螳臂折斷。然而，她的「模仿傳統」卻救了她。戰敗後，她立刻毫不猶豫地向自己的敵人美國學習，把其善於向比自己強大的國家學習、借鑑與模仿的傳統能力發揮得淋漓盡致！現在，她又成為了美國的活標本，並在短短幾十年間迅速崛起，重回世界經濟強國

「老二」的位置！

作為過去幾十年來的超級經濟強國，日本經濟令人目眩的背後是什麼呢？是了不得的創新嗎？也許有一些吧，然而，要是你翻開過去 20 年來的工業發展歷史，你就會發現極少會有重大的新產品或者領先的尖端的科技是發源於日本的。日本人只不過是運用了「拿來主義」的大手法，拷貝美國的點子與商品，從汽車到半導體等一切東西，再加以巧妙地模仿，僅僅保留精華部份，再把其餘部份進行改進與完善。於是，日本經濟以一種令人咋舌的速度在廢墟中迅速崛起並向前邁進。這一可怕的現象，即使是被她模仿的「師傅」美國，也不由得心驚膽顫！

什麼叫做「青出於藍而勝於藍」？作為日本經濟發展的主體，日本的各大企業給了世人不勝枚舉的榜樣。讓我們再深入一點去剖析一下日本的企業吧。

戰後初期的日本企業，技術落後歐美 20 餘年。然而，跨入 20 世紀 70 年代後，她的震撼世界的趕超奇跡，令人無法繼續無視這個島國那異軍突起的技術實力。產生這個奇跡的源頭，就是大規模地引進和模仿歐美技術。在日本政府的參與規劃和支持下，那些日本企業有計劃、有步驟地引進先進的科學技術，從而修築了一條迅速改變自身技術落後局面的捷徑。

戰後，日本能夠迅速地在鋼鐵、汽車、電子、數控機床等領域趕上甚至超過歐美，靠的當然並不是被動的模仿。有人總結道，日本人是「花一塊錢買進技術，花三塊錢進行改進創新」。

他們把模仿主要建立在「逆向工程」的模式上。也就是說，他

們把引進的產品進行解剖，研究其內部結構和邏輯，在充分理解原有產品的基礎上，尋找改進、創新的可能。這些做法給日本企業帶來了非常有效的學習機會。而大量學習的積累，又提供了在模仿中創新的可能。週而復始，日本企業便迅速地在被動引進模仿中找到了主動。

也許，世人對日本評價時用得最多的詞會是「模仿的巨人。創新的矮子」。是的，從古到今，日本民族都不愧為最善於模仿的民族，然而，把日本人看作是僅僅會模仿的傢伙，未免有失偏頗。因為，無論是那一個民族，只要她不想被歷史所淘汰，就必須向強於自己的人學習和借鑑，而這個行為，其實就是長期為某些人所不齒的「模仿」。

◎誰最強誰就會被模仿

正如學生未來有可能會成為老師一樣，任何一個當初向別人學習並模仿過別人成功做法的人，只要成為了名列前茅者，便都有可能成為被模仿的對象。這一點，日本企業也不會例外。

幾年前，如果你到日本東京的秋葉原電器一條街逛逛，隨便和那裏的老闆或店員聊聊天，你都將有機會聽到他們在大罵新力新推出的 PlayStation II 遊戲機，因為這款遊戲機「害得」其他品牌的 DVD 機全都賣不出去。

據美國《財富》雜誌的統計，近年來新力公司每年要推出 1000 種新產品和零件。其中 800 件是以前推出過的產品的改進型，約 200

件則是針對新市場應用的嶄新產品。新力公司在 20 世紀 90 年代平均每年推出 182 件新產品，等於每兩天就有一種產品推出。

　　曾有一家日本的雜誌說新力就像是一隻在實驗室裏做實驗用的金豚鼠，意思是當新力在視聽領域創造了許多世界第一後，很多企業便紛紛仿效新力的產品，言外之意是新力總是在做被模仿者。

　　新力的成功引來了眾多的追隨者，出井伸之笑稱：「新力真的很不容易呀。到了韓國，三星電子提出要趕超新力；到臺灣，宏基說已把新力作為榜樣；到了中國大陸，TCL 也盯著新力不放。新力簡直成眾矢之的了。」

　　事實上，誰最強誰就有可能被模仿，誰最優秀誰就會被別人學習與借鑑。而願意向比自己優秀和先進的人或組織學習，從來就是不甘落後的人或組織的必然舉動，這是作為有意識的人的一種本能，也是社會能夠發展的一條鐵律。這不僅僅是日本人的專利，也不僅僅限於經濟領域。只不過，日本人從來都是做得最好的一個，只不過，日本人在經濟領域裏，甚至在其他領域裏，如科技、文化、體育等方面都確實做出了增長奇跡，僅此而已。

胡服騎射與趙國的崛起

2300 多年前，處於今天河北南部和山西中北部的趙國進行了著名的胡服騎射改革。趙國因改革成功而國力強盛，稱雄於華夏東方。趙國在這場改革裏其實並沒有多少創新的東西，她只不過是透過一次「胡服騎射」改革，便取得了巨大成功。而這，就是超級模仿的一大典範。

為了加深瞭解如何借用別人的長處，融入自己的文化中，為自己服務，我們很有必要簡要知道一下，「胡服騎射」是怎麼回事。

相傳，趙武靈王宣導並實施胡服騎射，其目的在於強軍興國，同時也是戰略調整的需要。

歷史上稱趙為「四戰之國」，諸雄環伺。在幾乎無歲不戰的兼併戰爭中，趙國處境艱難。自西元前 326 年趙武靈王即位以來，戰火連綿。即位前一年，趙國將領韓舉敗於齊、魏，死於桑丘。即位前兩年，趙國將領趙疵與秦交戰，兵敗被殺，趙國失去了在今山西的藺、離石等地。即位當年，秦、齊、楚、燕、魏各帶精兵萬人參加趙武靈王父親肅侯的喪禮，示以兵威。即位後第九年，趙、魏、韓聯合擊秦兵敗，趙軍被斬首 8 萬級，元氣大傷。趙國長期實施這種

作戰方略，喪師失地，損兵折將，元氣損耗。

為了生存，再圖發展，趙武靈王作了戰略調整，其思路是：穩定東、南、西，北向拓地，充實國力，然後再逐鹿中原。北面，自趙襄子時期以後，從敬、成、肅侯等到趙武靈王，尚無用兵的記載。當然，三胡等遊牧部族對趙國邊地的襲擾不可能沒有，但尚未達到需要大規模出兵的程度。而北方的諸胡等遊牧部族，「寬則隨畜，因射獵禽獸為生業，急則人習戰攻以侵伐」，這幾乎成為「天性」。面對這些飄忽不定、出沒無常、流動迅速的騎兵，趙國原有的步兵、兵車，不但速度慢，而且在複雜的地形條件下無法施展。因此，要北向拓地，「胡服騎射」的改革勢在必行。趙武靈王曾把「服騎射」的目標概括為：「近可以便上黨之形，遠可以報中山之怨。」

這就是說，實行「胡服騎射」，近可利用上黨地形優勢，遠可以報中山之仇。趙武靈王這樣明確地提出改革的目標，就是為了便於動員國人。

西元前 307 年，趙國頒佈了胡服令。開始，趙武靈王準備胡服上朝，派人通報其叔父公子成，想獲得其支持，公子成表示反對。趙武靈王親自上門說服了公子成，隨後又開導、教育了諫阻變服騎射的宗室大臣趙文、趙造、趙燕等人。從此，自趙武靈王到大臣都著胡服上朝，朝廷開始了胡服騎射改革。同時，為了教化胡人，吸引胡人加入趙國文化圈，任用代相趙固主持對「胡」事宜，招收胡人從軍。

「胡服騎射」改革貫穿在整個軍事改組和軍事行動之中。十餘年間，趙國的軍事實力大增，而且在這期間產生了驚人的效果。西

元前 306 年，趙武靈王率軍北征，佔領了今呼和浩特東南的原陽，西進佔領了包頭以西的九原，並以原陽為「騎邑」，在此編組訓練騎兵。組建騎兵時，改原來的重甲為輕甲，變履為靴，穿騎裝，戴胡人「爪牙小帽」，軍官則戴武冠。兵源不僅有中原趙人，還有收編的胡兵；又打破了原來步兵按區編伍舊制，改步為騎。此後，趙武靈王三次胡服北征。兵鋒所至，令胡王獻馬，樓煩王一部騎兵被收編。東胡不敢入「無窮之門」。為了鞏固邊防。在新開闢的疆土修築長城，設置了雲中、雁門、九原三郡，遷吏大夫奴隸於此，屯墾戍邊。至此，從張北縣南向西沿大青山、烏拉山以西高闕塞，黃河以南之榆中廣闊土地為趙所有，諸胡被擋在趙長城以外。

趙國從西元前 305 年第一次進攻中山至西元前 296 年滅中山國。前後四次用兵中，都得益於新建的騎兵之力。對中山四次用兵都是與北征交叉進行。第一次對中山用兵，除趙武靈王親率左、中、右三軍外，牛贊率領車騎，趙希統帶胡、代之兵，形成諸兵種聯合作戰，使中山割地罷兵。第一次用兵前一年，趙武靈王西略胡地至榆中。第二次用兵後一年，又北上「攘地」再一次至九原。西元前 297 年，趙武靈王巡察了新開拓的疆土，次年出兵滅掉中山。北上拓地，進攻中山，幾乎成為胡服騎射改革的檢驗場。滅中山國，去掉了心腹之患，趙國疆土南北連成一片，擁有了五百里方圓的膏腴之地，為祖先報了仇，為國家雪了恥。

北上拓地成功，正當北進戰略取得輝煌勝利之時，趙武靈王於西元前 299 年，傳位其子趙何(即趙惠文王)，自號主父。經過胡服騎射改革，趙國國土大大擴充，國力大大增強，達到了鼎盛時期，

成為函谷關以東與秦抗衡的強國。趙惠文王時期，趙國經歷了五國抗秦、五國破齊，使齊國削弱再未構成對趙國的威脅。趙國名將廉頗、趙奢兩次大破秦軍，力挫其東進鋒銳，「四十餘年秦不能得其所欲」，顯示了胡服騎射改革的長期效應。

　　胡服騎射皆非趙武靈王所創，只是模仿了少數民族的優點，卻因使用得恰當，從而致趙國國力日益強盛。由此可見，超級模仿之威力，只要使用得當，的確極其強大。

心得欄 _____

_____

_____

_____

_____

_____

百事從模仿中趕超可口

百事可樂與可口可樂是飲料界的兩大巨頭，也是全球市場競爭上的對手。他們像連體嬰兒一樣，無論何時，無論何地，只要看得見百事的地方，一定會有可口。同樣的，只要買得到可口的地方，絕少不了百事的蹤影，他們就是這般如影隨形的宿敵。

可口可樂發明人潘伯頓，百事可樂發明人白布罕，在 19 世紀末幾乎同時推出他們向美國專利局註冊商標的飲料。經過一個世紀的競爭，可口可樂因為經營手法勝於百事可樂一籌，所以始終處於優勢。在 1950 年以前是可口可樂的興盛時期，它和百事可樂的銷量是 5：1，顯然，百事可樂是遠遠落後於可口可樂。

就單從口味和包裝上來說，百事跟可口有著太多相似之處，那麼起初為什麼百事會輸給可口呢？落後於可口的百事並沒有被競爭的失敗所打倒，他開始沉思，決定標榜第一，從模仿開始奮起直追。

從 1886 年可口可樂喊出「暢飲可口可樂」的口號以來，大約每隔一段時間，它就會推出一句風行全球的口號。

例如：1960 年的「可口可樂，才是真正可樂」；

1970 年的「心曠神怡，萬事如意，請喝可口可樂」；

1980 年的「微笑的可口可樂」；最近幾年所採用的則為「就是可口可樂」。不過，據說還有一句更新的口號，那就是「如此感覺無與倫比」。

創業 100 多年，行銷網遍及全球 163 個國家和地區，每天賣出 6 億多份可樂，年營業額高達 90 億美元的可口可樂公司，就是靠著這幾句簡潔響亮的廣告，配合大量的宣傳，而維持其市場地位的。

百事可樂看到可口的這幾大優勢，從中借鑑，起初效仿可口，相繼打出口號「給有想法的年輕人」，當這句口號於 1964 年打響之後，在以後的 20 年始終不斷地出現在百事可樂的廣告中。這對戰後嬰兒潮成長，充滿叛逆性的新生代來說，真是深入他們心中的一句話。百事同年的銷量立該有所轉機，由原來的 5：1 扭轉為 5：2。

面對百事的緊追不捨，可口可樂在電視廣告中不斷創新，力爭第一。可口可樂廣告引人注目的手筆就是 1997～2002 年一系列的春節賀歲片。運用很濃的中國味道來迎合中國人的口味，緊接著，可口可樂還就北京申奧成功，中國入世大打廣告宣傳，使可口可樂儼然成了中國本地產品，從而達到了與中國消費者溝通的效果。可口可樂的成功與其形象代言人的選擇也是分不開的，如張惠妹、謝霆鋒等，起用華人新生代偶像做宣傳之後，可口可樂在中國的銷售增長了 24％。

可口的這一成功舉措，百事看在眼裏，想在心中。百事在模仿中不斷跟進，譬如：1976 年百事可樂發動了一個廣告 campaign，利用在電視廣告中盲目品嘗百事可樂與可口可樂，比較二者的優劣，

結果顯示出喜歡百事可樂的人比喜歡可口可樂的人多。這項經過細心規劃，自說自話、自賣自誇的創意，居然令媒體和消費者大感興趣。《商業週刊》還選文敘述可口可樂對百事可樂的攻擊招架無力。當年就憑這項挑戰使得百事可樂的銷量在美國境內淩駕於可口可樂之上。

　　直到1989年，百事可樂再次又發動了一場全球性的廣告攻勢，這場攻勢使百事可樂與可口可樂在市場上分庭抗禮的地位更加鞏固。那就是請當時全世界最熱門，最受青少年瘋狂喜愛的歌星麥當娜拍了一部兩分鐘的廣告片。這部片子同時在 40 個國家的電視黃金時段播出。由於廣告播映都選擇各國晚間收視率最高的節目出現，所以據估計全球收看到首播的人數高達 3 億人左右。全世界 40 個國家、同時有 3 億人看到同一部廣告片，這是開天闢地的創舉，也是史無前例的大手筆！效果可想而知。

　　可口不僅在電視中投放廣告，在網路中也展開大規模的宣傳。可口認為網路能夠創造出一個奇妙的世界，更能給消費者創造一個互動的機會。

　　可口可樂公司對網路行銷的投入與日俱增，在目前人氣最高的網路遊戲《魔獸世界》進入中國之後，可口可樂迅速與該遊戲的運營商達成協定，雙方從 2005 年第二季開始共向市場投入上億元行銷費用，雙方的品牌、產品銷售均在此次合作中得到顯著提高。在可口可樂公司與《魔獸世界》的合約中，《魔獸世界》被定義為，可口可樂公司「碳酸類飲料，惟一合作的可多人同時線上的網路遊戲」。

借助新浪網路平臺(新浪網以每天 1000 多萬的訪問量，目前居中文網站的霸主地位，它將 icoke 製造的流行元素迅速滲透到社會的各個角落。這成為 icoke 成功的重要因素)，2005 年 6 月 11 日，可口可樂和 9 個城市舉行了主題為「要爽由自己，冰火暴風城」的嘉年華網路遊戲。活動在全國超過 50 個城市展開，近 3 億名消費者將有機會參與此次活動。整個活動都和網站互動同步進行，可口可樂相當於借助互聯網和網遊，為自己的企業進行了一次成功的推廣。而且，在整個過程中，可口可樂成為遊戲的必須道具，流行元素的標誌，從而實現了消費者的需求。而今，《魔獸世界》已經不再是與可口可樂公司合作行銷的惟一網遊，同時加入的還包括《街頭籃球》、騰訊。

可口的這一創舉，所取得的成績是令人所驚歎的。

而百事也不甘示弱，後起直追。

在 2000 年這一年間，便有拉丁王子瑞奇‧馬丁、「小甜甜」布蘭妮和樂隊 Weezer 先後出現在百事可樂的廣告中。從 NBA 到棒球，從奧斯卡到古墓麗影遊戲和電影，百事可樂的網路廣告總能捕捉到青少年的興趣點和關注點。

2001 年中國主辦奧運會成功，百事可樂的網路廣告獨具匠心，氣勢非凡的畫面採用了有動感的水珠，傳達出了百事可樂品牌的充沛活力。醒目的文字表達出百事可樂對北京申奧的支持。廣告方案利用「渴望無限」和「終於解渴了」的雙關語，將中國人對奧運的企盼巧妙地與百事可樂產品聯繫在一起，並與其他宣傳高度一致。

百事廣告採用複媒體技術，在互聯網上表現電視廣告，使網路

廣告與傳統廣告結合，突破網路廣告的限制。

2000 年 8 月至 2000 年 12 月 31 日，百事與雅虎進行合作。百事將在 15 億瓶飲料瓶上印雅虎標誌，並在全美 5 萬家商店公開銷售。同時雅虎將新開一專門網站 PEPSISTUFF.COM。百事可樂借助奧斯卡頒獎晚會，在 Yahoo！網站上首映小甜甜布蘭妮為其拍攝的廣告片。為配合這次互動，百事公司買斷了 Yahoo！主頁的所有版位，成為 Yahoo！主頁的獨家廣告商。在奧斯卡頒獎當晚，由 Yahoo！網站揭開了百事可樂網路廣告的面紗。

2005 年 6 月 22 日 20：00，百事可樂最新的電視廣告「百事藍色風暴，突破夢幻國度」在「盛大」網站首播，約 3.5 億註冊用戶紛紛第一時間登陸一睹為快，盛大的伺服器在 1 小時內突破峰值。

百事與可口的銷量從 5：1 到 1：1，他的趄超速度不得不令人折服。從模仿中出招，不出則已，一出驚人。

4

耐克之勝——模仿永遠不過時

　　當今世界上，有運動場的地方必有耐克和阿迪達斯。20 世紀 70 年代初，阿迪達斯公司在運動鞋製造業中佔據了支配地位。當時阿迪達斯、彪馬和虎牌這 3 家公司共同組成了制鞋業的「鐵三角」，其他公司很難染指。然而僅僅過了 10 年，到了 20 世紀 80 年代初，耐克(Nike)公司後來居上，在鞋業市場的產銷額市場佔有率達到了 50%，成為世界制鞋業的老大，阿迪達斯市場佔有率一度降到 20% 以下，風光不再。耐克的後來者居上，致勝之處何在？他戰勝運動鞋業老大的秘密武器是什麼呢？

　　20 世紀 20 年代阿迪達斯制鞋公司創立於德國，起初業績平平，1936 年，著名運動員傑西‧歐文斯在奧運會上穿著阿迪達斯製造的跑鞋，為德意志民族贏得了奧運金牌，同時也使阿迪達斯一夜成名。自此，阿迪達斯樹立了「利用著名運動員和重大體育比賽展示產品的使用情況」的市場行銷策略，一直把國際體育比賽當做檢驗產品品質的基地，這一策略一直沿用至今並成為業界的金科玉律。

　　1954 年，穿著阿迪達斯鞋的西德球隊擊敗了匈牙利隊，奪得了世界盃。1976 年，在蒙特利奧運會上，穿阿迪達斯公司製品的運

動員佔全部個人獎牌獲得者的 82.8%，這使阿迪達斯的聲譽大振，銷售額上升到 10 億美元。正是這一關鍵市場策略的正確實施，為阿迪達斯成為業界不可超越的先鋒鋪平了道路。

耐克公司的前身是藍絲帶制鞋公司，成立於 1964 年，當時主要給價格低廉、技術優良的日本虎牌運動鞋代銷。1972 年，藍絲帶公司結束了與日本虎牌的合作，在美國奧運選拔賽中正式推出了自己的耐克(希臘勝利女神的名字)品牌，在運動鞋市場站穩了腳跟(1978 年正式改名為耐克公司)。

剛剛成立的耐克公司就以阿迪達斯為標榜，看到阿迪達斯的廣告經營策略取得顯著的成效，耐克也模仿其方法。當年，劉翔只跑出了近 14 秒時，耐克運動員市場部的張彤就寸步不離其左右。行銷專家劉海龍指出：「他們向來不簽急功近利的合約，而是以培養彼此的感情，直至對方徹底被征服為止。」

2000 年，泰格·伍茲被耐克盯上後，耐克 CEO 菲力浦·耐特毫不顧及自己的身份，親自到賽場給「老虎」端毛巾、遞飲料和球杆。泰格·伍茲最終答應耐克，出任其高爾夫產品代言人，5 年身價 1 億美元。

耐克在不斷效仿阿迪達斯的同時，還將自己的運動鞋定位為具有創新設計與技術、高價位的高品質產品。耐克憑藉其豐富的產品類型以及傑出的設計，2000年佔據了超過39%的美國運動鞋市場，幾乎是阿迪達斯市場佔有率的兩倍。

30 多年來，耐克體育用品在全球暢銷不衰。然而，這家小作坊起家的公司在邁向成功的路途上，卻經歷了人們難以想像的艱難，

他們獨到的模仿策略也極具傳奇色彩。

　　耐克公司最初一直以阿迪達斯公司的製品為模型進行仿造，但是他並沒有放棄自我開發。1975 年，耐克成功設計了一種新型「華夫餅乾」式的鞋底，鞋底上的小橡膠圓釘使它比市場上流行的其他鞋底的彈性更強。這種看上去很簡單的產品革新成為耐克事業的轉捩點。透過仿造和創新並舉，仿造者戰勝了發明者。

　　耐克公司一直非常重視研究開發和技術革新工作，致力於尋求更輕、更軟的跑鞋，並使之既對穿用者有保持性，也給運動員——世界級運動員或業餘愛好者——提供跑鞋技術所能製作的最先進產品。這一點突出地表現在它僱用了將近 100 名研究人員，專門從事研究工作，其中許多人具有生物力學、實驗生理學、工程技術、工業設計學、化學和各種相關領域的學位。公司還聘請了研究委員會和顧客委員會，其中有教練員、運動員、設備經營人、足病醫生和整形大夫，他們定期與公司見面，審核各種設計方案、材料和改進運動鞋的設想。其具體活動有對運動中的人體進行高速攝影分析、運動員踏車的情況分析、有計劃地讓 300 多運動員進行耐克實驗，以及試驗和開發新型跑鞋和改進原有跑鞋和材料等。1980 年耐克公司用於產品研究、開發和試驗方面的費用約為 250 萬美元，佔當年營業收入的 1%，對於鞋子這樣非常普通的物品，進行如此重大的研究和開發工作，可謂是空前絕後了。

　　在模仿過程中，企業必須確立自己的個性。成功的模仿不是簡單的盲從，可模仿的只是成功的決策、標準和措施行為。借助有效的模仿，企業仍可樹立與眾不同的形象，採用與眾不同的個性特徵

或標記，並建立善於抓住各種新機會的、時刻保持警覺的組織機構和管理部門。

耐克公司成功的關鍵因素是卓有成效的仿效。就跑鞋市場來說，長期以來阿迪達斯公司所施行的市場戰略，是生產型號多樣的鞋，在重大體育競賽中讓運動員穿用帶公司標誌的產品，不斷使產品更新換代。耐克公司把這一操作方法拿來，就等於在企業成長中掌握了現成的經營方法，也就是抄了一條近路，使公司獲得了快速發展的機遇。

成功後的耐克，在很多方面還是沿襲了阿迪達斯公司幾十年前樹立起來的制鞋業公認的成功市場策略。這些策略主要是：集中力量試驗和開發更好的跑鞋為吸引鞋市上各方面的消費者而擴大生產線；發明出印在全部產品上的、可被立刻辨認出來的明顯標誌；利用著名運動員和重大體育比賽展示產品的使用情況。甚至把大部份生產任務承包給成本低的國外加工廠。而且也不單是耐克公司一家這樣做，但耐克公司運用這些早已被證明行之有效的經營技巧可謂得心應手，比它的任何對手，甚至阿迪達斯公司運用得更好和更有攻勢。

5

微軟成功就是從模仿開始的

創新，是現代社會一個火辣辣的名詞，特別是一些高新技術企業，更把創新作為最重要的戰略步驟，只有思想上的創新，管理上的創新，技術上的創新，才有可能持續保持自己的競爭力。然而，真正能創新的企業和個人並不多，更多的人是在模仿別人創造出來的東西。事實上，模仿並不是一種落後，更不是一種恥辱。

在模仿與創新領域裏，微軟是模仿方面的典型代表者，這也一向是微軟的特點和長處，微軟一直都是技術上的跟隨者，而不是創新者。

◎微軟涉嫌抄襲 Office？

據悉，一場複雜的專利權之戰正在微軟公司和朗訊科技之間醞釀。朗訊科技已經對微軟的兩大客戶提起訴訟，並私下向微軟發出警告，稱後者可能侵犯了其專利。不久後，人們又在紛紛討論這樣一個事情：作為全球的軟體巨頭微軟的 Office 辦公軟體涉嫌抄襲了軟體企業永中的 Office，這無疑將爆出 IT 界最大的冷門。微軟雖

然一直在引領全球軟體業(作業系統、辦公軟體)的潮流,但觀察家指出,微軟很長時間以來都沒有明顯的創新舉措了。

據《西雅圖郵報》透露,微軟已經正式提出了研發中的Office12。但有分析家指出,微軟此次計畫推出的 Office12 的核心部份的介面一體化以及數據集成技術與此前已上市的永中 Office 幾乎如出一轍。

微軟其實一直以來就是靠模仿發家的,當然,微軟也會適當地在模仿基礎上進行創新。

◎微軟是靠模仿起家的

有些人可能想不到,自己崇拜的微軟,居然會是靠模仿起家的。但事實上,微軟就是靠模仿起家的,而且,微軟還一直在模仿中長大並還在一直發展著。

當時有一個人自編了一套 QDOS,它借用了基爾代爾的 CM/P 作業系統的構想和名稱,不過當時程序員對拷貝他人作品還不以為然,微軟支付了 7.5 萬美元,把 QDOS 連人和產品一起買下,改名為 MS-DOS,並倒手給了 IBM,開始了微軟飛黃騰達之路。

當 Netscape 推出流覽器時,微軟沒有重視,後來 Netscape 佔據 80%的市場佔有率時,微軟才如夢初醒,調整戰略,經過幾年的奮戰,將 Netscape 一舉打敗,微軟也由此轉到了以互聯網技術為核心的技術平臺。微軟 Windows 的圖形介面是模仿 Apple 和 Xerox 的,Word 是模仿 Wordstar 和 WordPerfect 的,Excel

是 Lotus1-2-3 的複製品……就連最近的 MSN Messenger、MSN Spaces、MSN Desktop Search 也是跟隨別人的概念才開發出來的。但是微軟的產品是最具有殺傷力的，往往也是競爭的最後勝利者。

可見，模仿並不羞恥，相反，你從別人的思想裏得到火花，再運用自己的思想和能力，你的成就有可能比當初的創新者更大。站在巨人的肩膀上，你能比巨人看得更遠。

◎微軟的後發優勢

微軟是市場的贏家。目前，其市值達到了 2790 億美元，僅次於通用電氣，排全球第二；在品牌價值方面，無論是《商業週刊》還是《財富》都將微軟排在第二，分別估值達 650 億美元和 1031 億美元。

但微軟似乎又是許多人的對手：IT 巨頭都想擺脫微軟的「控制」；消費者在抱怨微軟的東西價格太高；還有來自各國政府對微軟產品安全性或多或少的戒備；最實質性的就是一個個反壟斷訴訟。

按照商業規則，微軟是爭議中的贏家：公司的股東有非常好的回報，客戶可以用到最先進的產品，它的技術引領著產業的發展。

誰也無法否認微軟的成功。但微軟也正在試圖做一些改變，把自己從爭議的焦點上解放出來。與 SUN 的和解，就是微軟轉變的標誌。微軟戰略從競爭到合作，證明微軟不僅懂得了讓步，更懂得了「迂回戰術」，而且變得更加有耐心。

微軟的技術創新是爭議最大的一個方面。微軟說自己是技術創新，而外界很多觀點卻認為它是一種「技術跟進戰略」。很多技術最早並不是微軟提出的，比如流覽器，Mosaic 流覽器催生了網景(Netscape)公司，而網景公司催生了互聯網熱潮。但後來由於微軟的跟進，網景一步步喪失領地，最終只能把微軟告上法庭。雖然是跟進，微軟最終成為了流覽器的技術領導者。這也說明，重要的也許不是由誰提出，而是誰做得更好。

雖然微軟的這種做法引起爭議，但這種做法無疑是在商業規則以內贏得市場的好方法。其實，一個產品是否能在市場上獲勝，技術的先進性只是一個方面，更重要的是為客戶帶來價值得到客戶的認同。這也是微軟成功的主要因素。原本在互聯網方面遙遙領先於微軟的網景，後來反而要跟著後來居上者微軟的遊戲規則走，原因就在這裏。

◎「先模仿，再打壓」的市場策略

微軟有史以來的發展策略和企業文化，是從來不會去主動創新，也缺乏主動創新的傳統。但是，微軟模仿、吸收和「污染」他人原創技術的能力卻就如火純青。

事實上，縱觀微軟的發展史，微軟更擅長的是模仿和做一些修修補補的工作。例如，蓋茨賴以揚名立萬並最終發家致富的 Basic 語言，是上世紀 60 年代達特默斯學院的兩位教授創造的。而微軟起飛的翅膀 DOS，則是向西雅圖電腦公司購買的。

　　以微軟的 Office 產品為例：縱觀過去 30 年間 Office 產品的發展，雖然微軟在 Office6.0 之後連續推出 Office7.0、Office97、Office2000 乃至最新的 OfficeXP，但實際上在試算表及圖表製作之後，激動人心的變化幾乎沒有。而微軟一再想對 Office 的數據集成進行修改，並且也對一些小問題做了些修修補補，但並沒有完全解決 Office 中最關鍵的集成問題，直到其近期提出了研發中的 Office12。

　　不知道大家是否注意到，軟體業從誕生起，就具有開放的傳統。但是，微軟改變了這個傳統，並為軟體業的發展制定了新的遊戲規則。可以說，今天軟體業的許多遊戲規則都是微軟自己制定的，微軟也因此得以迅速發展壯大起來。

　　成功者必然有其成功的理由與秘訣所在。微軟作為全球舉足輕重的企業，肯定也有其與眾不同的成功策略。事實上，總結微軟的成長之路，我們很容易就能夠總結出微軟的一條鮮明的市場策略，這也是它一貫採用的手法，這個策略可以用六個字總結——「先模仿，再打壓」！

　　且讓我們看看微軟是如何先模仿別人，再打壓競爭對手的。我們不妨借微軟與網景公司的網路流覽器之爭，來證明一下。

　　20 世紀 90 年代中期，網景的 Netscape 流覽器曾經一度主導網路流覽器市場，儘管那時候它還是一個學生的業餘作品。但由於後來微軟大打免費牌，借助網景的創意開發出 IE 流覽器並在 Windows 作業系統中捆綁，網景的流覽器市場開始大量流失。微軟的這張免費王牌不但奏效，而且促使網景公司的發展情況每況愈下，

以至於到 1998 年年底時被美國線上(AOL)併購，而微軟也因此惹
上了反壟斷的世紀官司。如今，網景流覽器的全球市場佔有率已經
降低到 3.4%，下滑到了歷史新低，而它的競爭對手微軟的 IE 流覽
器市場佔有率則高達 96%，在全球流覽器市場穩居霸主之位。

借助強大的市場優勢與金錢實力，微軟屢屢實施「吸功大法」，
將許多其他公司創造的新技術新功能納入自己的產品，尤其是在
Windows 裏，使其成為無所不能的百寶箱。這種形勢下，弱小的軟
體公司顯然無法與微軟抗衡。

雖然可以說微軟已經成為了一個龐大的帝國，但實際上還從未
曾真正透過自己原創的設想，開發出過市場需要巨大的產品，前面
提及的 Basic、DOS 和 IE 流覽器自不必說，微軟其他的主要產品
Windows 用的是 Xerox 和 Apple 的技術，Excel 其實是
Lotus1-2-3 的複製品，Word 純粹是對 Wordstar、WordPerfect
的跟風……這些模仿的產品構成了微軟的主要力量。而一些所謂自
己的創意和產品，如 Bob、MSN、Slate、Mungo、Park 等則無
一顯著成功。

◎青出於藍的 FUD 戰略高手

面對全球 Linux 勢不可擋的勢頭，尤其是各國政府青睞 Linux
形成浪潮之極，微軟終於開始放下蔑視的身架，停止以往簡單魯莽
的謾罵策略。為了保住自己老大的位置，微軟不得不採用 FUD 戰
略，對 Linux 進行狙擊。

在短短一年多時間裏，在狙擊 Linux 方面，微軟創造了 FUD 的最經典案例。透過 FUD，微軟狙擊 Linux 的手段也大白於天下。

微軟實施了 FUD 戰略。FUD 就是恐懼(Fear)、不確定(Uncertainty)、懷疑(Doubt)的縮寫，是行業壟斷巨頭對付比自己弱小的競爭對手時使用的競爭手段之一，是行業壟斷者對付後來創新者最「下三濫」的策略，卻也是最實效和最靈驗的招術。

FUD 策略，透過直接嚇唬對手及膽敢與對手合作的公司，同時利用各種手段動搖競爭對手客戶的信心，使其產生先動搖，進而產生懷疑的心理，從而擠掉品質和技術優於自己的產品，使其難以有效形成市場力量，確保獨家壟斷。使得用戶無法得到最佳的產品和服務，整個行業的創新也被阻礙。公司越強大，FUD 運用出來的效果越佳。

雖然，微軟是歷史上使用 FUD 策略最成功的公司。但是，與其在產品和技術上缺乏創新一樣，微軟並不是 FUD 的發明人，首創者算是 IBM。微軟卻將 FUD 發揚光大，青出於藍而勝於藍。看來，就連打擊競爭對手的戰略，微軟都是模仿別人的！

FUD 首次被 IBM 大規模使用，是在 20 世紀 70 年代。許多人認為，是當時 IBM 大型機之父阿姆達爾創造出了這個辭彙。阿姆達爾締造了 IBM 360 的輝煌。富有諷刺意味的是，當他離開 IBM 創業，他自己就變成了 FUD 攻擊的目標。那時候在電腦業，最悲壯的事業就是選擇與 IBM 作戰！如同今天選擇同微軟作戰一樣。後來，微軟成為行使 FUD 的第一位公司。

最近的這一場狙擊 Linux 的「戰爭」，不是一場「局部戰爭」，

而是一場世界性的大戰。戰火不但在美國，在個別國家，而是在無數的國家。面對到處都是看不見的敵人，微軟表現出了極大的智慧和勇氣。

◎模仿只是微軟的手段而已

模仿是為了超越。練書法的人都會經過臨摹這一步，在臨摹過程中學習控制自己筆法和結構的習慣，以期貼近臨摹的對象，但是，臨摹得再像，那也是像他人的作品，也得不到突破。臨摹古人的作品只是手段，創作出有自己個性特點的作品才是目的。能夠從臨摹中學到他人的精髓，將他人的優點和自己的特點融為一體，創作出有自己特色的作品，那他就取得了成功。

如果微軟一味只會模仿，沒有自己的創新，那它也不會有今天的成就。微軟最大的特點是從他人那裏(或許是競爭對手的產品，或許是用戶的建議和回饋)獲得構思，利用自己的技術和創意，開發出功能強大，簡單易用，介面友好，人性化的產品。從模仿他人到被別人模仿，微軟的成功確實給只會單純模仿的企業上了一課。

當然，一味地從模仿中去創新，總是在實施「拿來主義」，也會使自己內部的一些人厭煩。例如，2003 年 2 月，David Stutz，微軟與開放源代碼社區之間最具人格魅力和最具說服力的「大使」，終於選擇離開微軟。作為微軟與自由軟體界之間溝通的最重要「橋樑」，這位曾經是音樂家的「大使」，在自己的網站上發表了臨別諫言。其中核心的一點就是奉勸微軟開始真正有所創新，而不要永遠模仿別

人，不要永遠固守 PC 軟體傳統模式，否則必然被開放源代碼大潮所衝垮，必然為時代所拋棄。

心得欄 -

6

在模仿中重建新規則

◎當當公司模仿亞馬遜公司

以開闊的心態和眼界去模仿，並且在模仿中重新建立適合企業本地化生存的新規則。

英國知名財經雜誌《經濟學家》曾撰文《當當網在中國成功複製亞馬遜》。對於「成功複製」的這種說法，當當網上書店的聯合總裁既現實又灑脫，她說：「中國古語說的好，三人行，必有我師焉，擇其善者而從之。『當當』不恥於當學生。因為有得學比沒得學要好。」

在接受《財經時報》專訪時，聯合總裁毫不諱言對亞馬遜這個世界最大最知名的網上書店的模仿和學習。她將當當網比喻成是「學齡前兒童」，而「亞馬遜」則已經進入「青春期」。

聯合總裁並不否認當當模仿亞馬遜，但她同時也強調：「我們的老師絕不只有亞馬遜，作為一個『網上的大賣場』，我們的老師還有家樂福、沃爾瑪這些傳統的零售業者。」

互聯網以及基於互聯網的商業模式在美國起源和興旺，被人效仿似乎是順理成章的事情。然而，從戰略角度而言，對照標杆企業

複製建立一個新企業，資源上的契合無疑是日後成功的良基。聯合總裁認為，模仿戰略是需要資源契合的，「想要模仿也是要有條件的。」她的觀點是從中國的現實出發的。「對亞馬遜的財務報表，我比一些華爾街的分析師們還要熟悉。我會用當當的指標和它做一一對比，最新的結果是，9 項指標中我們只有庫存週轉率不如它。」

雖然 1999 年 11 月「開張」的當當是「照著亞馬遜 COPY(複製)過來的」，但是聯合總裁俞渝和另一個創業者（她的先生），卻有著從事這項事業的良好資源。在圖書出版領域創業 10 年，對中國傳統的圖書出版和發行方面的所有環節都十分瞭解；在紐約大學學金融 MBA 畢業，在華爾街做過融資，有過幾個很成功的案例。

模仿的第一步就是研究。在處於準備期的 1997 年前後，俞渝和她的先生一起分析了亞馬遜模型，開始籌備、製作書目資訊數據庫。

1997 年 6 月公司註冊成立；1997 年 8 月發行「中國可供書目」數據庫，次年 3 月，幾百家書店和圖書館成為當當的「中國可供書目」用戶。在 1999 年 11 月網站 www·dangdang·com 投入運營之前，當當已經在模仿亞馬遜的商業模式中，開始加入了不得不根據中國國情而制定的本地化變革。

其實從根子上看，當當就沒有「照抄」亞馬遜的心態。至少，當當沒有像貝索斯用世界上最長的河來為自己的網站命名，弄個「長江網上書店」、「黃河網上書店」一類的名字。俞渝說：「從戰略層面上講，我們真正模仿亞馬遜的只有兩點：一是它是多品種戰略，即讓顧客有更多選擇；另一個就是它的價格戰略，樣樣打折，用低價

讓顧客在當當得到實惠。」

2003 年，當當在網上提供了 18 萬種商品，其中 4 萬種左右有
庫存。而這個數字在 2004 年已經擴展到 35 萬種和 8 萬種。為了
將價格降低，以適應消費者對價格的敏感，當當每年都要與供應商
進行艱苦的談判。

◎在模仿中重建新規則

「用笨方法，從骨子裏學。」這是俞渝認為當當公司之所以能
夠將網上購物這樣的新事物，在中國成功推動的「模仿要義」。其中
最核心也是最困難的，就是模仿戰略的本地執行。

無論中國的資訊社會化程度、電子支付的手段和觀念、物流運
輸體系的建設等等，都無法與美國、與亞馬遜所處的商業環境相比。
因此，創造性地模仿，成為最終模仿戰略中關鍵的也是必需的環節。

比較之下，當當更在意的是「成功」而不是「複製」。俞渝在實
施模仿戰略時的心得，即是「要以開闊的心態和眼界去模仿，並且
在模仿中重新建立適合企業本地化生存的新規則」。

根據俞渝的總結，當當在模仿亞馬遜的過程中，根據中國的現
實商業環境，進行了四點基於模仿的創新：

一、配送環節的創新。由於中國沒有 UPS、Fedex 這樣覆蓋美
國乃至全球的物流企業，當當只好是航空、鐵路、城際快遞、當地
快遞公司一齊上。雖然這種方式在管理和協調的難度上都增加了，
但是卻解決了最短時間內送貨上門的問題。

二、服務的創新。中國消費者沒有像美國那樣經過一個郵購的商業模式，對他們來說，網上購物就像是「隔山買牛」。讓他們最大程度的放心，不僅需要政策、制度的保證，同時也需要多種服務手段的提供。當當摒棄了美國網上購物與顧客溝通模式的單一化，而是用電話、email、QQ、BBS 等多種手段，消除中國消費者網上購物的陌生感，降低嘗試風險的門檻。

三、交貨速度的創新。在亞馬遜網上購物後，通常在 7 個工作日後才能交貨，而當當經過研究比較發現，亞洲特別是中國消費者的耐心是非常有限的。

於是當當在交貨速度上，力求快速。北京的消費者網上購買通常第二天即可送達，而上海、廣州、南京等一些較大城市一般在 3 天到 5 天內可以收到。

四、收款模式的創新。中國是現金交易大國，網上信用卡支付還不普及，因此必須貨到付款，並且最終由遞送員將款項發送給公司，再匯至當當的帳戶上，這也是適應現實的良性運轉模式。

◎向標杆企業學習的範例

「模仿」的核心是宣導學習精神，模仿的大忌是「照搬」，然而重新建立新規則對管理者能力的挑戰也是巨大的。如何將模仿的戰略與創新的精神作為企業的一種文化讓每一個員工認同，需要 CEO 的推動。

「推動模仿戰略的實施，最重要的是強調企業的學習精神。」

《紐約時報》曾報導，俞渝要求當當每個員工都要閱讀《電子商務之父——亞馬遜網路書店傳奇》這本書。並且鼓勵員工從亞馬遜網站上訂購物品，獲得體驗並吸取經驗。

在俞渝看來，「一個人是有慣性的，一個企業也是。而且企業的慣性所引發的惰性往往更大。一方面當當時刻關注標杆企業的發展；另一方面，當當也用不斷的流程再造來打破慣性」。

以開闊的視野和理智的心態來模仿，是對 CEO 領導力的考驗。俞渝認為，標杆企業的價值的確有很多，但是像亞馬遜這樣的企業本身也是「趟路者」，盲目地模仿只會將其失敗的一面重蹈覆轍。

比如當初亞馬遜財大氣粗之時，在全國狂建了 8 個 35 萬平方米的配送中心，比如亞馬遜為提高技術門檻收購一些技術公司，這些舉措當當都沒有模仿。因為俞渝認為：「做這些對提高核心業務價值不大。」

用理智的甚至批判性的心態來看待對標杆企業的模仿戰略，必要之時，市場的後來者甚至可能甩開標杆企業帶來的束縛。

7

「麥當勞主義」如火如荼

　　當我們第一眼看到麥當勞時，也許只是認為她是一家餐館，或者是一系列的速食店連鎖，而不會有多少人更細心留意一下，或者深入地思考一下，麥當勞為什麼看似簡單得每個人都可以做得到，卻又不是大多數人都能做得到。麥當勞不僅僅對速食行業來說是一種革命，對餐飲以外的其他行業，影響也是極其巨大的。

　　如今，有很多速食企業，都在模仿甚至複製「麥當勞模式」，這其中有成功也有失敗的，但都說明了其絕對的影響力。而非速食企業，如星巴克咖啡身上，似乎也有麥當勞模式的影子。甚至近年來很紅火的「新東方英語」教學模式，也極大地借用了麥當勞的「標準化、簡單化、專業化」的核心理念。

　　看來，「麥當勞主義」無論是在任何國家，都依然在如火如荼地進行著。

◎麥當勞：絕對標準化的典範

　　與所有「主義」都有一套體系來支撐一樣，「麥當勞主義」作為對世界經濟領域影響力越來越大的一套觀念，同樣有一套標準化的「麥當勞體系」。麥當勞體系的核心特點是：把工作轉移到一系列任務中去，這些任務可以由經最少訓練的普通工人來完成。

　　在技術方面，麥當勞成功的秘訣在於：不斷推進生產速度，同時又不犧牲產品的一致性，使「吃」的味覺成為可以預測的體驗。麥當勞建立了完整的生產和服務體系。把一切過程標準化，從而保證無論何時、何地、何人，只要進入金色拱門，就知道可以期待的具體而確切的色、香、味以至笑容是什麼。這就是「麥當勞主義」。

　　正因為如此，「熟悉」構成了麥當勞成功的關鍵因素，尤其是在美國這樣工作流動性是家庭生活常規特色的社會裏。比爾·蓋茨在結束了一次精疲力盡的商業旅行，回國的路上時，和一個同事在香港後半夜裏尋找吃飯的地方，後來他興奮地找到了麥當勞。在吞咽漢堡時他說道：「實在高興啊，在香港有 24 小時營業的麥當勞。」

　　從三明治裝配線到漢堡大學先進的管理培訓，麥當勞透過把一切過程標準化，並由此建立了一個體系。一本研究美國標準化工作的書——《速食，快談》對麥當勞的經營程序做了很好的概括。

　　作者羅賓·雷德納(Robin Leidner)用「絕對標準化的典範」來形容麥當勞的特徵。事實上，麥當勞一直有一本 600 頁的《操作和訓練手冊》指導生產。當然，只有店堂經理才有資格閱讀它，並

且在離開店面前按規定將其鎖入指定地點。《手冊》裏的照片說明了湯汁應該放在小麵包的什麼地方,而每片泡菜的厚度也有特別規定。麥當勞店裏的所有設備都必須從許可商那裏購買,從裏到外的建築設計都有嚴格的管理。

正如麥當勞的新加坡總經理羅伯特‧誇恩提出的那樣:「麥當勞出售的是體系,而不是產品。」它的目的是創立一套標準化的內容,使其在新加坡、西班牙、南非嘗到的味道都是一樣的。

麥當勞體系的核心特點是,把工作轉移到一系列任務中去,這些任務可以由經最少訓練的普通工人來完成。麥當勞店裏沒有廚師,所有員工都是在遵照亨利‧福特推廣的工業模式,讓漢堡和薯條在流水線上生產出來。一位麥當勞生意觀察家說,麥當勞的最後產品是存在於滑道上的乾淨盒子,以及準備馬上出售的漢堡。

麥當勞當然不是第一家遵照「福特主義」方式生產食品的企業。許多美國企業包括火車餐廳和 Howard Johnson 連鎖飯店,在麥當勞之前都運用了流水線方法。而麥當勞本身的拓展更可以追溯到戰後汽車交通業的發展和美國人對品牌商品的迷戀,他們堅信品牌商品能保證產品的一致性、可預測性和安全性。

麥當勞是最早運用電腦的公司,他們用電腦來自動調節烤炸的時間和溫度。法式炸薯條提供了一個很好的例子。麥當勞與芝加哥附近的 Argonne 國際勞工組織的合作,設計出了一種快速煎炸凍薯條系統,可以使顧客等候的時間減少 30 秒——只需 40 秒就夠了。假如麥當勞 3000 萬日常顧客中有相當多的人定購炸薯條,那麼 30 秒的乘積效應就遠遠超過了自動化的費用。

自誕生以來，麥當勞已經使友好成為該公司形象的最主要標誌。或許人們要說，美國的速食連鎖在麥當勞的領導下，已經將文化期待——微笑服務——轉變為商品。麥當勞和它的模仿者把微笑結合到產品中去，推動了人們期待的熱情服務：便利、乾淨、可預測性和友好。營業台的職員被訓練成生動地表演必要水準的核心，對顧客們說各種各樣的「謝謝」，讓顧客們得到了看上去個性化的資訊。

與微笑服務形成對照，乾淨毫無疑問也是麥當勞公司系統的特徵之一：乾淨的衛生間在那裏都受到讚揚。

◎中式餐飲的「麥當勞主義」

面對諸如肯德基、麥當勞、必勝客等等國外速食巨頭對速食的強勢攻入，中式速食大有主人變客人，主角成配角之勢。歸根到底，是餐飲的傳統形式難以真正地與「麥當勞主義」式的外國速食企業相抗衡。

那麼，在危機面前要生存下去，就應該向比自己先進的東西學習，再結合自身的優點和特點，進行與時俱世的變化。令人欣喜的是，中式餐飲行業的很多企業都開始向「麥當勞主義」學習，而且立杆見影。

傳統中式小吃均以經驗、感覺來控制品質，以中式速食的「大娘水餃店」而言，而大娘水餃在邁入連鎖業之初即採用了標準化的生產和管理，在每道工序上均採用科學量化標準，即水餃大小定量，餡心配置定量，和麵兌水定量，佐料配方定量，湯品主料定量。同

時，對每一操作管理程序均採取標準化。而「簡單化、標準化和專業化」正是「麥當勞主義」的又一核心。

以麥當勞快餐廳、肯德基家鄉雞為代表的國際著名速食業在登陸後，憑藉其品質上的高標準、服務上的嚴要求迅速佔領了速食市場的大片江山。但作為模仿跟進西式速食的中式速食在發展初期卻已經慢下一拍。速食業的利潤幾乎為西式速食業所瓜分。

放眼世界，也不乏中式速食取得連鎖經營巨大成功的範例。熊貓速食是美國中式速食業的老大哥，它在全美各地有將近 400 家連鎖店，在 2000 年一年內的營業額達到了將近 3 億美元，業已被納入美國主流飲食業的前 200 名之列。

在菲律賓，有一家當地華人辦的中式速食連鎖企業「超群」同樣取得了成功。目前，它在菲律賓各地已有 205 家分店，2001 年的銷售額達到 36 億比索(50 比索約合 1 美元)，成為當地與肯德基、麥當勞齊名的最成功的速食連鎖企業之一。

這些中式速食獲得成功的秘訣在那裏？毫無疑問，要歸功於標準化、工廠化和電腦化的科學經營模式。以「超群」為例，它在食物加工過程中，每塊肉、每片蔬菜的大小、每份菜裏放幾塊肉、幾片蔬菜、幾勺湯汁都有嚴格的規定。炒每樣菜只需加入一勺相應的在加工廠配好的專門調味料就夠了，無需依次加入鹽糖醬醋或「適量」味精、「少許」胡椒粉等。而這一指導觀念的核心，事實上還是「麥當勞主義」的範疇，你只要模仿它的「核心精神」，改造成你企業所需要的即可。

第 5 章

設定高標準的模仿術

　　模仿策略確實是世界上風險最低的經營策略。

　　成功的模仿術：首先要設立高標準，尋找標杆，定標趕超；「找到標杆，模仿趕超」就是捷徑。

1

一定要設立高標準

　　每個人都要為自己設立一個標準，你希望自己成為什麼樣的人，或者說你的榜樣是誰，更通俗地說，就是你的偶像是誰。

　　剛才已經說過，即使是那些很成功的人，他們依然在不斷地尋找自己可以學習和模仿的對象，那麼當你還不是很成功甚至是不成功的時候，你就更應該好好地思考一下，你希望透過從事什麼樣的工作，去實現自己的目標，讓自己成為什麼樣的人。這時候，你就會知道，你的榜樣在那裏。因為你將要從事的行業，總有一些人是做得非常優秀的，你絕對可以把行業裏的頂尖高手，作為自己努力的標準。

　　跟一個人的成功必定需要設立標準一樣，企業要經營成功，贏利而不破產，也需要一個標準。幾乎每一個企業都需要有一標準，或寫在紙面上的，或口頭相承的。比如工作手冊就是一種標準，企業文化就是一種標準。麥當勞的工作手冊有近千頁，寫得非常詳細，很細節的地方都考慮到了，這就是工作標準。只有確立了清晰且量化的標準，每一個人才知道如何正確地去做，而且誰去做都不會有偏差。這就是最高級的模仿，它叫做超級模仿，也叫做複製。

　　無論是國內還是國外，很多公司都會請諮詢培訓公司來給自己的員工作培訓，但是麥當勞公司很少外請培訓師給自己的員工培訓。為什麼呢？因為麥當勞有自己的訓練方法、訓練講師，有自己的工作方法，自己來就可以了。而且他們自稱也很不希望他們的員工到外面去上課，萬一教壞了怎麼辦。因為麥當勞自己有很高的標準，這樣就很容易為所有員工所學習、模仿與掌握，這樣就能夠極大地提高效率。

　　事實上，每個公司都應該有兩本書，一個是紅皮書(戰略)，一本書是藍皮書(標準作業程序)。這就是標準。

　　什麼是標準？我們再簡要說一說。我們經常可以看到星級酒店的大堂裏會掛著一個標語：「面對顧客要露出燦爛微笑」。但為什麼有的服務員卻沒有笑呢？因為她們不知道怎麼笑。所以當經理問服務小姐看到顧客為什麼不笑時，服務小姐回答說我笑了，經理說明明沒有笑，服務員小姐又說我笑了。那麼，是誰錯了呢？肯定是經理錯了，因為你沒有告訴服務員們應該怎麼笑。沃爾瑪說面對顧客要微笑——要露出八顆牙。對，人家笑得很好，全世界的男人、女人只要笑得露出八顆牙，就是笑得不錯了。

　　試想，如果都知道了露出八顆牙就是微笑的最好效果，那麼，誰都可以模仿了。當然，沒有牙齒的人除外。

　　因此，標準最重要的一個條件。就是細節的量化。比如給人家拍照片時，不要再講一些不太量化的事，說茄子，那茄子跟笑有什麼關係，你如果不笑念不念得出來茄子？當然可以。要說露出八顆牙，別人就知道如何去做了。所以一個細節如果沒有量化，始終沒

有標準。肯德基的炸雞好吃嗎？他們規定炸好之後要放在濾油網上，不能多於七秒，因為這樣太乾燥了，不能少於三秒，否則就會太油了。

　　五年前，俄羅斯的潛艇因為魚雷艙爆炸，成為了「海底棺材」。俄國人說是美國人撞的，美國說你們那個潛艇沉下去的時候我們的潛艇一條也沒有在附近，再說如果相撞的話怎麼我們的潛艇沒有沉下去呢？

　　後來，經過調查發現，其實是魚雷的掛鉤生鏽了。結果一年後又有一條沉了。後來發現是鋼索斷了，最根本的原因也是鋼索生鏽了。俄國的海軍出事的原因何在？標準沒有量化，沒有把細節量化。誰會想得到，掛鉤和鋼索生鏽了也是一件很大的事情呢？這麼細節的東西都是需要經常維護的呢？

　　標準非常重要，它可以維護企業的一種秩序。肯德基敢將八點鐘請假出去十點鐘回來的員工開除，因為肯德基有共同堅持的工作程序，這也就是細節的量化和堅持。

　　標準是一種誓約，是一種品質要求，使優秀的人引發自尊。例如，日本超市牛肉都有履歷表。他們規定牛肉上要貼上性別、出身年月、飼養地、生產者、加工者、零售商，而且還要證明沒有瘋牛病，八項有關食品安全的內容，這就是對細節的高度重視。大家都怕吃到瘋牛肉，因此就更多要注重細節。當大家都在做同樣高標準的事情時，大眾的素質自然也就提高了。

　　因此，無論是個人成功，還是公司基業長青，都需要為自己設立一個標準，而且是一個高標準。

尋找標杆，定標趕超

　　何為聰明的模仿？聰明的模仿就是一種標杆學習的過程，首先要找到標杆成功的要素、指標，這裏面包括兩個要素：一個是關鍵成功因素；另一個是關鍵績效指標。接著一項項對比，逐一評估那些是值得你去達到和學習的，然後結合實際情況因素，在自己或機構中建立起一套流程去實現成功要素。

◎知己知彼，定標超越

　　我們剛才談了尋找高手作為自己的典範和設立高標準的重要意義。那麼，在我們面對對手時我們又該怎麼辦呢？這時候，我們的策略依然是學習對方長處，借鑑和避免對手的不足，把對手作為一個標杆，知己知彼，如此就可以超越我們的對手。最後把我們的對手遠遠拋在身後。

　　孫子有曰：「知己知彼者，百戰不殆；不知彼而知己者，一勝一負；不知彼，不知己，每戰必殆。」孫子又曰：「故善戰者，先為不可勝，以待敵之可勝；不可勝在己，可勝在敵。故善戰者，能為不

可勝，不能使敵之可勝。」「勝可知而不可為」。

　　根據孫子的觀點，首先要知己知彼，也就是要與競爭對手進行持續的對比衡量，在此基礎上，不使敵人有機可乘，把戰勝敵人的主動權操在自己的手中。在商戰中要做到「不可勝」，在競爭中把握主動權，謀求發展，就必須向領先者學習，善於從各個方面修治「不可勝」之道。作好迎接各種嚴峻考驗的準備，這也就是所謂的定標超越戰略。

　　具體來講，它是指企業將其產品、服務和其他經營管理活動，與自己最強的競爭對手或某一方面的領先者進行連續對比衡量的過程；對比衡量是發現自己的優勢或不足，或尋找行業領先者之所以會領先的原因，以便為企業制定適當的戰略計畫提供依據；定標超越對那些致力於趕超大型企業的中小企業來說，更是一種贏得競爭優勢的經營戰略。

　　定標超越是一種模仿，但又不是一般意義上的模仿，它是一種創造性的模仿，它以別人成功的經驗或實踐為基礎，透過定標超越獲得最有價值的觀念，並將其付諸於企業實踐，它是一種「站在別人的肩上，再向前走一步」的創造性活動。例如，美國施樂公司的早期成功在很大程度上得益於它採取了定標超越的經營戰略，透過向富士公司學習，將僱員參與、品質過程視為取得高品質的關鍵因素，從而達到了「好中更好，優中更優」的效果。

◎創新往往就是成功的模仿

有一句古語叫做「追比聖賢」。相應地，在商業環境裏也是這樣，成功的企業背後，總是尾隨著一大批模仿者。

越來越多的戰略模仿者將歐美等國家的經營形態直接引入公司運營，而且不少還獲得了成功。這是否跟「創新才是企業發展的根本」相矛盾呢？

事實上，無論是模仿戰略，還是創新戰略，都是一種非常有價值的選擇。任何一個企業在進入市場時，都要去選擇發展的方向和商業經營的思路。而此時，又往往有兩種方法：一種是待在家中冥思苦想；另一種是去模仿。模仿的過程本身就是一個考察的過程，按照孫子的話就是「知己知彼，百戰不殆」。事實上，成功的模仿往往就是一種創新。創新並不是非要另外立一個東西，而是只要你能對你過去的做法進行一種改變，而這種改變又能帶來一種績效，那就可以是一種創新。

一家公司的成功，實際上是因為自身發展滿足了一定的社會和市場發展的要求，在管理流程中做到了許多東西；在產品、服務、管理等方面都滿足了一定的規則，而且富含了成功的關鍵因素和各種指標。就好像學生高考一樣，600 分錄取線，達標了就成功，而沒達標，無論是 500 分還是 300 分都一樣被淘汰。這些指標和成功因素，成為處於發展期的企業最重要的學習內容。一個發展初期的企業，有很多經營選擇，而透過戰略模仿，可以快速找到方向和掌

握成功的經營指標。而透過模仿要解決的問題，關鍵是一些成功指標上的「學習」。

可以說模仿本身是一個「對標」過程、一個標杆學習的過程。那麼，模仿有什麼樣的步驟呢？

其實，模仿要解決的關鍵是：向誰模仿？模仿什麼？如何去模仿？

聰明的模仿就是一種標杆學習的過程，首先要找到標杆成功的要素、指標，這裏面包括兩個要素：一個是關鍵成功因素；另一個是關鍵績效指標。接著一項項對比，逐一評估那些是值得你去達到和學習的，然後結合當地市場因素，在自己的機構中建立起一套流程去實現成功要素。

很多企業的戰略模仿為什麼會失敗呢？原因是，很多模仿者不成功是因為他們不知道應該去學什麼，大多數模仿者只看到眼前的經營方式，而沒有找到一些要素指標去衡量模仿的程度。

模仿者在進行經營模仿時，也要考慮到自我創新。中國的當當公司，完全可以照搬亞馬遜的商業模式，但它的創新點在於如何經營中文圖書、經營中國市場，這一點正好是它成功的關鍵點。

◎定好標杆好追趕

記得有一位非常有名的培訓師說過這樣一句話：「只有跟成功的人學習成功你才有可能成功，那些不成功的人在講臺上手舞足蹈地教你如何成功，你也可以當他是在說胡話，如果他能指點你一條成

功之路，幹嘛不先指點一下自己，讓自己先成功呢？」是呀，知道如何去致富，那麼，為什麼不讓自己先富起來呢？這句頗帶幽默話，的確令我們回味無窮。

姑且不去理解那位培訓師的成功大論，但是，現實中的無數事實還是不斷地證明著：站在巨人的肩膀上，確實可以讓我們看得更高更遠。

嚴格意義上，定標趕超是企業甚至於個人的絕佳學習技能和程序，所謂定標即尋找到一個可以追趕甚至超越的標杆，趕超即為利用你學到知識，借助一切可以借助的力量趕上並超過你所預設的標杆。每完成一次超越後，我們就可以找尋到下一個可以借鑑的標杆，先模仿後超越。這很像我們平日裏給自己定的近期目標、中期目標及長遠目標一樣，只是，如果沒有一個可以考查和對照的標杆，若想真正達到一個目標，那也許永遠只是一句空話。

◎定標趕超之「企業版」

其實，「尋找標杆，定標趕超」在國內外的企業界都不是什麼新鮮的術語，它是被絕大多數企業時常運用的一種最基本的生存之道和必經之道，尤其是那些中小型的企業，每每看到同行業績的不斷增長，更應該透過橫向和縱向的比較找出自己的不足，模仿同行業中有競爭力公司的一些好的做法並改進之。

二次世界大戰後，日本人勤奮不懈地貫徹定標趕超理念，在諸多方面模仿美國企業的管理、行銷等操作方法。使得日本國內迅速

崛起一批世界級的企業。施樂，IBM、柯達、杜邦和摩托羅拉等行業領袖，也同樣是定標趕超的直接受益者。定標趕超同樣在國內被很多行業巨頭廣泛使用，如海爾曾宣稱要做中國的松下，海信要做中國的新力等等。

是的，無論是企業經營還是個人人生經營，往往在尋找到標杆後，讓企業或個人自己站在巨人的肩膀上去，總是會站得更高，也看得更遠。

很多高明的企業把定標趕超發揮得淋漓盡致，他們非常善於利用巨人的肩膀來提升自己，甚至把它當成是在行銷中借勢的高明手段。這其中，經典的成功案例數不勝數，例如，蒙牛曾經打過「向同城老大伊利學習」的廣告；一品黃山曾自稱「黃山第一、中華第二」；還有的企業或個人謙稱「因為我們是第二位，所以我們更需要努力地工作和學習」；還有其他如借名人借名事等等借勢出名的，無不是站在巨人肩膀上騰飛的經典行銷手段。

◎定標趕超之「個人版」

站在巨人肩上，透過定標趕超，同樣可以幫助個人快速騰飛。

在討論成功時，首先要注意一點：天上是不會掉餡餅的，更不用說會掉到你嘴裏。因此，除了買彩票中了大獎外沒有一蹴而就的成功，但即使你碰到千萬分之一的機會中了彩票特等獎。應該說可以算個暴發戶，但並不是成功人士，央視的成功人生欄目會邀請那些透過一步一步的努力和積累攀登成功之路的人去分享他們的成功

心得，但絕不會邀請一個暴發戶去分享他的彩票獲獎之路。

言歸正傳，我們來看看如何透過定標趕超實施快速的騰飛。也許，在新人進公司時，老總會跟他講，這個某某主管是你下一個目標；當你成為了主管，他又會跟你說，某某經理是你下一個奮鬥的目標；當你是經理了，他又會跟你說，某某總監是你下一個要趕超的目標等等。可能你認為自己是在不知不覺中達到了某一個目標。其實，由始至終你都在應用定標趕超策略，因為你無形中已經把你的直接上司當作了一個目標標杆，透過觀察他平日的工作技能及管理技能等來發現自己身上的不足，並努力加以彌補，一段時間後你的業務能力得到了提升，管理水準也漸漸地跟上來了，於是，你便實現了趕超。

個人實施定標趕超策略，目標不宜定得太高太遠，一個石階一個石階的攀登才能避免摔跟頭。學習需要循序漸進，人生之路同樣需要循序漸進，年輕人充滿激情卻缺乏必要的沉穩。但是，做事情就必須踏踏實實，才能夠做出成效。這就像沉到水底才能看到大魚，浮在表面永遠看到的只是些零星的小魚。

運用定標趕超的辦法時，每一階段在學習、創作、工作上，即使不求比別人做得好，至少也要做得跟別人一樣好。當然，你要創新也是可以的，但是一般來說，當你做到跟別人一樣好時，再去實施有效的創新吧。

3

「找到標杆，模仿趕超」就是捷徑！

　　模仿策略確實是世界上風險最低的經營策略。這裏所說的「經營」，既包括企業經營，又包括人生經營。

　　戲劇愛好者都知道，過去學戲劇的唱腔，往往是師傅一字一字、一句一句地教，徒弟則一字一字、一句一句地學，徒弟唱出來的聲音、腔調的韻味，咬字吐字的方法，都得跟師傅一模一樣才行。

　　據說，相聲小品界的已故表演藝術家，平生不認得多少字，卻能夠表演得出神入化，就是當年有過如此經歷，下過如此的苦功。

　　任何人都可以成為偉大的人物。如果他能找到適合自己的榜樣。找出適合自己的路，並一步步走過成功需要的每一段路。

　　而一直以來，模仿就在各個行業內普遍存在且備受歡迎。模仿能產生顯著的業績，而誰開公司辦企業都是希望贏利的。模仿，使得企業很容易地找到了一個很好的激勵標杆：誰在行業中銷售量最大？誰的產品最優秀？誰的客戶滿意度最高？誰的設計、製造方法最先進？學習先進才能讓自己儘快縮短與先進的距離。例如，三星就曾模仿新力而在數字技術領域獲得了非凡成就，並被人稱之為「神話」。可以肯定的是，只要有新的企業出現，模仿就會繼續。

是呀，經營者誰不想贏取利潤呢？那一位雄心壯志的企業家又不想創造商業神話呢？如果在經營之路上能找到一套效能最高的方法，誰又會真的拒絕呢？

很多看起來複雜的事情，當真的跟利潤效益生存發展這些字眼結合起來時，一切有時候就會變得很簡單。真的，當企業在苦苦尋找一個問題的解決方案時，面前就擺著另外企業早已形成的一套證明可靠的做法，那他為什麼就不能直接學習借鑑模仿甚至實施「拿來主義」呢？在汽車製造行業裏，就常常有借鑑經典車型的做法，如賓士 SLK 的雙門鷗翼就廣為借用。任何事業的發展往往都是彼此借鑑、學習的過程，任何生產或者研發都不會從最基礎的 ABC 做起，都會在前人的成果上進行。

實際上，許多優秀的公司一直都在進行著這樣的努力。

心得欄 _

_ _

_ _

_ _

_ _

_ _

4

善於觀察　富於聯想

移植是指把對某個或某類事物的特性或優點轉移，並運用到另一個或另一類事物的方法。

我們通常所說的「舉一反三」、「聞一知十」、「由此及彼」、「觸類旁通」等都是用來表明這種特點。「移植」對我們贏得成功有重要的作用。它進一步讓我們深信，成功離我們並不遙遠。

一個叫約瑟夫·莫尼埃的園藝師整天要和花壇打交道。他在花壇中栽種著令人陶醉的花卉。然而讓他苦惱的是，那些水泥製成的花壇卻很不結實，一不小心就會被碰碎，特別是不少前來欣賞花卉的人經常把花壇碰碎。於是，莫尼埃在花壇四週插上木棍，用繩子攔了兩圈，以阻止有人再將花壇碰碎。但這麼做效果並不理想。

有一天，莫尼埃想把一盆木本花移到花壇裏。誰知一不小心，就把花盆打碎了，而這使莫尼埃發現了這樣的現象：花的根縱橫交錯，形成網狀結構，竟把鬆軟的泥土箍得特別堅固。

從這一現象中，他受到啟發。他想，如果在做花壇時，在水泥中預先加入一些網狀結構的鐵絲，這樣的花壇不就非常堅固了嗎？於是，他按照自己的想法，重新砌了一個花壇。果然很有效，花壇

就不再容易破碎了。從此，鋼筋混凝土在工程技術中得到了廣泛的應用。一個園藝師卻發明了鋼筋混凝土，這種「移植」創意很值得我們借鑑。

朋友，請你們試試看，能不能運用「移植」去幫助自已獲得成功。

學會移植，要善於觀察。善於觀察就是要對成功之路上各種變化多留心。為此，腦子裏要經常裝著問題。很多人可能都見過植物的根紮進土壤裏而使泥土不易散解的現象，為什麼惟獨莫尼埃發明了鋼筋混凝土呢？原來，如何讓花壇更堅固這個問題已經讓莫尼埃傷透腦筋。加之他又是一位有心人，喜歡對各種自然現象隨時留心。「處處留心皆學問」，留心觀察才能從其他事物或現象中，甚至是從看來毫無關係的事物或現象中去尋找啟示。

學會移植，要富於聯想。聯想是把兩個或幾個不同的方面聯繫起來加以分析的方法。莫尼埃就是留心觀察植物根系時，馬上聯想到花壇加固的問題。正是這種聯想使他解決了專業建築人員沒想到或沒能解決的技術難題。獲取成功也是一種創新活動。為了邁向成功，思路開闊是十分重要的，聯想可以使你的思路更加開闊。有人發現香蕉皮很滑，於是聯想到潤滑劑。思路一打開，像香蕉皮一樣很滑的優質潤滑劑也就研製成功了。學會移植，要勤於動手。莫尼埃之所以能發明鋼筋混凝土，這與他勤於動手分不開。他沒有把聯想裝在腦子裏就算了，而是動手做試驗，從而證明「移植」的可行性和有效性。在成功征途上，有些人並非不善於觀察，也不是缺乏聯想，而是不能及時將自己的「移植」創意付出實踐，結果讓創意

的火花自生自滅。這一教訓我們應引以為戒。

　　總之，善於觀察、富於聯想和勤於動手，是值得注意的三點。
這也是我們從一些成功者運用「移植」中所得到的啟示。

心得欄 ----------------------------------

成大事者在於行動

　　有一位名叫西維亞的美國女孩，她的父親是波士頓有名的整形外科醫生，母親在一家聲譽很高的大學擔任教授。她的家庭對她有很大的幫助和支持，她完全有機會實現自己的理想。她從念大學的時候起，就一直夢寐以求地想當電視節目的主持人。她覺得自己具有這方面的才幹，因為每當她和別人相處時，即便是陌生人也都願意親近她，並和她長談。

　　她知道怎樣從人家嘴裏「掏出心裏話」。她的朋友們稱她是他們的「親密的隨身精神醫生」。她自己常說：「只要有人願給我一次上電視的機會，我相信一定能當好主持人。」

　　但是，她為達到這個理想而做了些什麼？其實什麼也沒做！她在等待奇蹟出現，希望一下子就當上電視節目的主持人。這種奇蹟當然永遠也不會出現。

　　你明白為什麼這樣的人註定不會成大事了吧？光有夢想是不夠的，要想實現自己的理想應該馬上行動！

　　夢想是成大事者的起跑線，決心則是起跑時的槍聲，行動猶如跑者全力的賓士，惟有堅持到最後一秒，方能獲得成大事者的錦標。

　　哥倫布還在求學的時候，偶然讀到一本畢達哥拉斯的著作，知道地球是圓的，他就牢記在腦子裏。經過很長時間的思索和研究後，他大膽地提出，如果地球真是圓的，他便可以經過極短的路程而到達印度。

　　然而，哥倫布對這個問題很有自信，只可惜他家境貧寒，沒有錢讓他實現這個冒險的理想，他想從別人那兒得到一點錢，助他成大事，他一連空等了 17 年，還是失望。他決定不再等下去，於是啟程去見皇后伊莎貝露，沿途窮得竟以乞討糊口。皇后讚賞他的理想，並答應賜給他船隻，讓他去從事這種冒險的工作。

　　為難的是，水手們都怕死，沒人願跟隨他去，於是哥倫布鼓起勇氣跑到海濱，捉住了幾位水手，先向他們哀求，接著是勸告，最後用恫嚇手段逼迫他們去。一方面他又請求女皇釋放獄中的死囚，允許他們如果冒險做成大事者，就可以免罪恢復自由。

　　1492 年 8 月，哥倫布率領三艘帆船，開始了一個劃時代的航行。

　　在浩瀚無垠的大西洋中航行了六七十天，也不見大陸的蹤影，水手們都失望了，他們要求返航，否則就要把哥倫布殺死。哥倫布說服了船員。也是天無絕人之路，在繼續前進中，哥倫布忽然看見有一群飛鳥向西南方向飛去，他立即命令船隊改變航向，緊跟這群飛鳥。因為他知道海鳥總是飛向有食物和適於它們生活的地方，所以他預料到附近可能有陸地。哥倫布果然

很快發現了美洲新大陸。

　　哥倫布最終成了英雄，從美洲帶回了大量黃金珠寶，並得到了國王獎賞，並以新大陸的發現者名垂千古，這一切都是積極行動的結果。

　　心得欄 -

- -

- -

- -

- -

- -

6

打開成功之門的金鑰匙

　　無論是人類向大自然拜師，還是我們的聖人孔夫子向每一個可以學習的人學習，都說明了，你要省時省力更易成功成材，惟有向別人學習。自己閉門造車的後果只能是浪費光陰和資源。歸根到底，沒有學習與模仿，就沒有人類的迅速發展。

　　可以說，沒有模仿，就沒有人類的過去、今天與未來。

　　學會了模仿才會有成功的希望。相反，學不會模仿就連入門都提不上，而不入門又何談成功呢？無規矩不成方圓。我們往往會模仿好的東西。優秀的事物，好的東西不是喊出來的，而是得到了社會認可的。「專家說好才是真的好。」在某一個事情上面成功的人往往是專家，而你要在某事情上成功，就必須依靠專家，只有專家可以讓你一夜之間成功。無論是歷史還是今天，所有的事實都已經證明，模仿是歷朝歷代、各行各業的成功者的拿手好戲。可以說，所有的成功者都是模仿的高手。

　　一言以蔽之，模仿是成功的開始，是成功的標誌，是打開成功之門的金鑰匙。

◎模仿，是成功者的根

據專家研究發現。一個成功者成功的標誌，往往不是看你的東西有多麼的新，而是看你的模仿功夫有多麼的深，模仿得能否亂真是衡量模仿的標準。唐代的虞世楠、馮承素、褚遂良所臨的《蘭亭序》摹本，因《蘭亭序》真跡被李世民殉葬而變得彌足珍貴。在書法界裏，米鬧的米芾，沈長坡的金農、劉紹典的王鐸，都在書法大展上獲獎。

專家研究證明，無論古今中外，無論科學，無論藝術，模仿都是傳承上一個不可缺少的重要環節，都是成功者的前奏，都是成功者的根。只有根深，才能葉茂。

模仿是打開成功之門的金鑰匙，歷朝歷代、各行各業的成功者可以說都是模仿的高手。模仿是成功的開始，模仿是成功的標誌。

◎模仿來自何方

模仿首先從自然中來，它是一切動植物的自然本能，動植物都是透過複製 DNA、傳遞遺傳密碼(基因)等方法來完成「傳宗接代」的。這些遺傳因素發揮作用，靠的就是 DNA 複製的結果，並且是以模仿相像為標誌的。我們都知道，世界上的動植物都由基因組成，在這些基因中，人和老鼠的區別，在於基因的排列的順序中。幾百萬分之一的一個小小的改變，就形成了兩個完全不同的兩個物種：

一個變成人，一個變成老鼠。「差之毫釐，失之千里」在模仿上也有著充分的證明。

　　世間萬事萬物皆有規律，模仿也是按著自己的特定軌道，進行著有規律的複製，以達到完美。

◎為什麼要進行模仿

　　在我們的身邊，總是有一部份人對「模仿」非常反感，甚至口誅筆伐。對於他們來說，模仿很沒有必要，創新才是正道。是的，我們首先承認，社會要不斷往前發展，創新必不可少，但是，由此而忽視了模仿的力量，那就大錯特錯了。

　　模仿對人類對大自然的發展都有著關鍵的意義。如果沒有模仿，就沒有大自然的過去、今天和未來，當然，這也包括人類自身。

　　為什麼要進行模仿呢？模仿的意義就在於，你要傳承與發展，就必須以模仿作為堅實的基礎！無論是自然、科學、藝術，莫不如此。只有透過模仿，我們才能夠快速、準確、省時、省力，不折不扣地完成了複製。為自然、科學、藝術的發展、傳承奠定了雄厚的基礎。研究發現，任何門類都是在模仿中求得發展的。也就是說要有道、有根、有源、有出處，如同孩子要有娘一樣，要知道自己是從何而來。

◎模仿是一門系統的科學

有人看不起模仿，事實上，有價值的模仿很多時候比盲目的創新還要困難。不相信，可以問一問那些設計汽車的專家。模仿說起來簡單，做起來卻並非易事，更不是一兩下子就能完成的，模仿是很需要時間和很考究功夫的。

從總體上來看，模仿通常可分為內部模仿與外部模仿，如果你想要模仿某樣事物，那麼你就既要瞭解它的外部特徵，又要瞭解它的內部變化，因此，這就要求我們的模仿者必須投入時間，認真對待。當然，由於被模仿者已經被證明是正確者或者成功者，所以多花一點精力也是值得的，因為至少你不是再做一次無用功。

真正到位的模仿又是一個系統工程，是立體的和全方位的，而不是單一的模仿。

要讓模仿幫助我們達到事半功倍的效果，讓我們把風險降至最低，一般要遵循以下幾條原則：

模仿原則 1：學會選擇模仿的對象

你必須學會選擇模仿的對象。必須選擇最合適你的。你要有選擇，要有目的，不可盲目。具體來說就是要根據自己的愛好，要知道自己喜愛什麼，不喜愛什麼，選擇自己最喜愛的。如果你什麼都喜愛，這就要有所選擇，不可沒有主次。這就好比是談戀愛，可愛的有的是，漂亮的也很多，但最終只能選擇一個。

模仿原則 2：堅守專一

　　當你選定了模仿的對象，你就不要再朝三暮四。只有你對模仿的對象專一，它才會對你專一。你可千萬不要淺嘗而止移情別戀，要堅守本真哦。

　　模仿原則 3：要有刻苦精神

　　模仿跟戀愛有很多共通之處，戀愛需要付出、專一，也需要刻苦，對模仿也一樣。你要愛上模仿的對象，要不斷地發掘、發現，去尋找其優點，這時你就總有一種快樂、新鮮的感覺。你要有耐心、不斷地進行一個面一個面的探索，一項一項地去發現，這時你會發現被你模仿的對象裏，會有很多新的東西，於是，你的創新之旅也就隨之開始啦。

◎模仿也有一系列方法

　　任何事情要成功達成，都必須要有方法，模仿這麼重要的事情自然也不會例外。通常來說，模仿有以下幾種方法：直接模仿、間接模仿、自然模仿、藝術模仿、嫁接模仿、技術模仿、層次模仿、創造模仿。下邊我們就介紹這些模仿的方法。

　　1.直接模仿法

　　這種方法又叫做複製，它跟影印機一樣，模仿的對像是什麼樣，模仿出來還是什麼樣，標準是越真實越好，越像越好，能亂真則更好。這種方法的優點是簡單、省事，有跡可尋且效果顯著。「拿來主義」說的就是這個方法，它主張透過直接拿過來模仿，先求入門再求發展。

2.間接模仿法

不是直接即間接。這種方法多用在同類事物當中，它借用其技術、形態、思想、方法，從中找出規律，充實到自己事物中的方法。如篆刻可借用漢印固有的字，再按漢印字的特點組合沒有的字，刻出新的作品，是漢印的味道。我們常說這些新作品是學「漢印」的。從中看出「間接模仿法」跟創作聯繫比較密切，是學與用的關係。

3.自然模仿法

透過自然現象、自然的美去發現、感悟，萌發對自己所從事的事業進行填充、補償，為形成風格和追求奠定基礎。古人說：讀萬卷書，行萬里路。這告訴我們應該怎麼去探索、發現、感悟。如王羲之的觀鵝、顏真卿的屋漏痕、孫二娘的舞劍、張旭的擔夫爭道、黃山谷的蕩雙槳等，都是從自然中獲得靈感，並運用到書法上及其他技能，從而形成獨特風格的。

4.藝術模仿法

藝術是相通的。藝術表現的是虛實、對比、變化等；各門藝術都有自己獨特的藝術表現方法，音樂有音樂的表現方法，鼓、號、弦、琴；書法有書法的表現方法，筆、墨、紙、硯。藝術模仿法，主要側重於模仿藝術之間相通的那個方面。透過其他藝術的表現，更能看清自己藝術的，把相鄰藝術的精華吸收到自己的作品裏，豐富作品的內涵。如詩歌的平仄、音樂的節奏都是一樣的，區別只在表現手法。故學習藝術的人，要學會欣賞其他相近藝術，如文學、戲劇、體育等。

5.嫁接模仿法

　　嫁接是一個科學方法，梨樹嫁接到蘋果樹上，接出的果實即有蘋果味還有梨的味道，故稱「蘋果梨」。嫁接模仿法的方位縱橫交錯，可古與古、今與今，古與今、今與古，可以說是全方位的。以書法為例，在書法上可採用嫁接模仿法，比如用篆書筆法去寫行草，可使書法一新。同樣高古，而風格迥異。又比如，用古人的造型去寫今人的筆法。古與今的嫁接，以古為主，今為次。在寫古代魏碑時再結合當代魏碑大家的書法，書法上就可以既古樸又有很強烈的時代感。再如，用今人的造型去寫古人的筆法，今與古的嫁接，以今為主，古為次，同樣可以寫出很好的作品。嫁接模仿法的原則是，盡量是同類間的嫁接，並且在同類中要盡量相近。

6.技術模仿法

　　技術模仿法包括工具模仿、操作模仿兩方面。模仿的對像是用的什麼工具這個要搞清楚，搞不清楚的就要進行實驗，看看用什麼方法才能達到好的效果。比如，初學「二王」書法時，用狼毫筆寫效果較好，用羊毫寫就找不到感覺。操作的模仿要搞清楚模仿的對像是怎麼使用工具的，這對技術模仿的完成起著至關重要的作用。

7.層次模仿法

　　這種方法告訴我們，模仿有初級、中級和高級之分。也可以說是初級水準的模仿、中級水準的模仿、高級水準的模仿。例如，同樣是一本臨摹字帖，不同層次的模仿，其感受、理解、追求、效果都是不一樣的。初級水準的模仿，往往會出現模仿不下去，有一種山窮水盡的感覺，而高級模仿者則漸有行雲流水之感。

8.創造模仿法

創造模仿法很多種表現形式，如取其形，如取其意，其最終目的都是要走出自己的路。在模仿的過程中，不可能是全方位的，也不可能是面面俱到的。主要是使這個被模仿事物的主幹上發出很多新的枝葉，並且茂盛、蓬勃、興旺、充滿生命力，這才是創造的模仿真正的意義。

心得欄 --------------------------------------

第 *6* 章

企業模仿者案例

　　企業最著名的模仿者案例有西南航空公司、沃爾瑪超市、蘋果公司等等，當初都是依靠模仿戰術而起家。

西南航空公司

　　不同的模仿，其性質和結果大不相同。有的公司只對模型原樣照搬，有的公司對模型稍加變通，以適用公司的實際情況，而有的公司則在原始模型的基礎上大加改進，試圖達到天壤之別的效果。有的公司費盡心思，設法吸收借用的模型，而有的公司只要將看得見、摸得著的外在特徵模仿到手，就會心滿意足了。

　　儘管如此，大多數公司仍在挖空心思製造障礙，試圖阻斷模仿者前來模仿公司自主創新的道路，而不是琢磨怎樣才能從模仿別人中獲得利益。很多公司難以掙脫模仿惡名的羈絆，更有甚者，只要我在交談中暗示他們公司在模仿，許多經理就會惱羞成怒，就算明擺著他們借用了別人的核心創意和顯著特徵。

　　然而，即使那些能夠坦然接受「模仿」一詞的人也會承認，他們公司不會系統地、主動地去模仿。他們幾乎不會從前人的模仿嘗試中汲取教訓，也不會向同行及其他行業的公司學習經驗。對應問題非常關鍵，是模仿挑戰中最為核心的問題，但很多公司還沒意識到對應問題，更不用說來解決這一問題了。

　　雖然有些公司希望模仿一些自成一體的經營理念，但也有其他

公司將整個經營體系看作潛在的模仿內容。如果模型體系錯綜複雜但又層次分明，例如說存儲晶片生產廠，那麼辦法之一便是精確複製法，即在其他地方對某一加工廠進行細緻入微的精確複製。因為要徹底瞭解模型體系幾乎是不可能的，所以精確複製便能確保模仿結果的真實性與可靠性，即便我們對模型體系的因果關係知之甚少。

　　一個公司如果對自己的加工廠進行複製，那麼信息接觸便能暢通無阻。而且，像晶片生產這種錯綜複雜的技術，各個組成要素(如機械佈置、裝配工廠溫度)大都可以編碼處理，因而也可以複製再現。但是商業模式不能與之相提並論。模仿者冷眼旁觀，目力所及的只是一些顯而易見的組成要素。此外，模仿者還會發現，在綜合系統中，各個組成要素之間錯綜複雜的關係網絡是很難破解的。另外，儘管經營體系和商業模式難以模仿，但在很多情況下，很多公司模仿成功，而在其他情況下，模仿行為或者半途而廢或者自行崩潰。

　　美國西南航空公司成立於 1971 年，總部設在德克薩斯州達拉斯市，當時僅僅擁有三架波音 737 飛機，在總部、休士頓和聖安東尼奧三市開展航空業務。它是第一家成功盈利的廉價航空公司，為整個民航業帶來了巨大變革。以前，廉價航空公司只在美國國內市場偏安一隅，後來控制了 1/3 的市場。西南航空的商業模式看起來非常簡單。

- 採取短程飛行、點對點飛行方式(而非透過中心機場進行連接)，簡化了航線結構，消除了行李轉運的時間和煩瑣程序。
- 採用單一機型(西南航空甚至還統一了波音 737 各類機型的

座艙儀錶規格)，節約了設備採購、維護保養、人員編制和員工培訓方面的開支花費，同時又提高了資源調度的靈活性。

· 透過讓飛機快速週轉(短程飛行尤為重要)，同時堅持彈性工作制，來提高飛機空中飛行時間，在資本密集型行業，這就是核心優勢。

· 在二線機場或航班不很繁忙的機場著陸(讓飛機週轉更快)。對於這類機場，老牌航空公司大都不太願意前來競爭，被佔領的可能性較小，因此著陸費較低，但這些機場離主要目的地非常近，很多乘客認為此舉是物有所值。

不僅如此，西南航空還以較低標準支付員工薪資，同時又極力提高生產效率，結果，西南航空單位飛行時間的成本在各大主流航空公司中是最低的。事實證明，與其他老牌航空公司相比，西南航空的經營模式可將成本降低 40%～50%，再加上高運載能力等因素，票價可降低 60%，很多航線的客運量增加了兩倍甚至三倍。同樣，簡單原則還運用到了票務銷售(大都採取在線銷售，以節約成本、降低佣金、改善現金流量)和分配與服務上。這樣一來，乘客就可以享受優惠而簡單的票價(與老牌航空公司紛繁複雜的票價制度相比)，不過飛機不再提供高級艙位(當然現在以高價提供)，機組人員不再提供不必要的裝飾性服務，但會加倍努力提供熱情洋溢的優質服務。

雖然西南航空視灰狗巴士而非老牌航空公司為競爭對手，但在短兵相接之中，這些航空公司都不約而同地發現自己歸屬失敗方的陣營。截至 2008 年，西南航空平均每年發送 1.04 億名乘客，遍佈

全球 82 個國家和地區的市場。與民航業整體萎靡之態形成鮮明對比的是，西南航空始終處於盈利狀態，控制的市場價值甚至比各大老牌競爭對手的總和還要大。

　　雖然近期業績受惠於燃料油期貨套期保值，但西南航空這樣的盈利能力也可歸根於其雄厚的財力及成本控制文化。如今，西南航空已經做大做強，但生財之本卻並未改變，也就是以短程航線和優質服務為根本。就前者而言，旅客平均行程只有幅度不大的增長，從 1995 年的 525 英里增長到 2006 年的 818 英里；就後者而言，2008 年，西南航空在各航空公司中的投訴率是最低的。為了適應持續增長的機隊規模，西南航空推出了自動化生產控制方法，這樣一來，定期維修可減少 10%～15%，增加了飛機利用率。另外，維護計劃與航線安排同步進行，減少了飛機的閒置時間。

　　西南航空幾乎是第一家推出創新商業模式的航空公司，同時也是一個如饑似渴而又卓有成效的模仿者。其經營模式在一定程度上借鑑了人民快運等廉價航空公司失敗破產的重要教訓，同時，它還對模仿要素精挑細選，例如其 IT 基礎設施模仿的是老牌航空公司，直接借鑑了前人的經驗教訓。人民快運是第一家大型廉價航空公司，總裁唐納德·伯爾將公司倒閉的原因歸結為信息技術投入不足。西南航空管理層深刻認識到，人民快運信息技術投入不足有相當一部份原因在於，一個暴發戶往往會絞盡腦汁透過提高運營效率同時又保持優質服務來削減成本，儘管這並非全部癥結所在。西南航空竭盡全力對其進行糾正，同時對要借鑑的模型加以改進。換言之，西南航空自作主張，用創新型模仿者的手段解決了對應問題，也就是

說，不僅達到了對應要求，而且還有所超越，創造了截然不同的價值。

西南航空的成功令其他航空公司大吃一驚。點對點經營模式絕非來自直覺，因為中心輻射型航線結構系統在成本、協調及定價能力上都被認為是出類拔萃的。在這些顯而易見的優勢的掩護下，加之以前人民快運、佛羅里達等廉價航空公司的失敗，新型航空公司輕而易舉就能在競爭對手的天羅地網中開展民航業務，多年來未曾引起密切關注。

當西南航空最終脫穎而出之時，競爭對手看到的只是表面簡單、易於模仿的經營模式。採用單一機型，連三歲小孩都知道；避虛就實、刪繁就簡必然可以降低成本、簡化運營；二線機場點對點飛行也很容易：即便對中心輻射型航空公司來說，這會降低中心機場的利用率，但當地公眾急於吸引航空服務，因而會提供多方便利，從而緩和上述不利條件。

⑴模仿西南航空

以美國瓦盧傑航空公司(ValuJet，現在稱為穿越航空公司AirTran)和美國精神航空公司(Spirit-sought)為代表的一大批模仿者都曾設法複製西南航空點對點、單一機型的飛行模式，不僅如此，它們還把剩下的虛飾浮華盡行去除，將樸實無華進行到底。吉德爾·皮博迪公司(Kidder Peabody)的分析師評論道：「很多新創公司都曾立下志向，渴望成為下一個卓越非凡的西南航空。但只有瓦盧傑具備投資實力、盈利能力以及管理經驗，可謂名副其實。我們稱瓦盧傑為樸實無華型的西南航空。」

　　同樣，美國精神航空公司成了「廉價之王」。它從一家傳統的低成本航空公司轉型成為超低成本航空公司，提供的有些飛機艙位只需一美分，但同時，地面服務也好，空中服務也罷，凡是能想得到的，都會收費，甚至於一杯水。從生物角度來講，瓦盧傑和精神航空的行為屬於仿真行為(對了然可見的行為進行模仿)。仿真距徹底模仿還有很大的差距，因為仿真把握不住模糊含混的組成要素。但瓦盧傑和精神航空卻有可能成功，因為二者效法的都是清晰可見、編碼化的組成要素，這與精確複製法是一脈相承的。

　　美國天空巴士航空公司(Skybus)前總裁比爾‧迪芬德弗(Bill Diffenderffer)表示，這類模仿大都以模型的某一側面為中心，例如在本例中，該側面就是低成本。這種單一層面的重覆相當於生物學家所說的印隨行為，即對某一行為的本能複製。假如模型清晰可見，假如行動與模仿目標之間存在明顯關係，那麼印隨行為還算管用。然而在錯綜複雜或模糊含混的情況下，印隨行為幾乎毫無用處。在生物學中有一則非常著名的印隨實例：一群初生小鴨追隨的不只是自己的母親，還有任何運動中的物體。二者行為相似，但結果卻大相逕庭，因為後者極有可能凶多吉少。

　　同樣，相對次要的模仿形式對商業的限制也是顯而易見的。以天空巴士航空公司為例，天空巴士從西南航空和愛爾蘭里安航空(一位成功的歐洲模仿者)招募多名老將，從而將模型吸收消化，為己所有。天空巴士採用單一機型，在大型城市目的地附近的二線城市開闢打折服務，每次航班前十個艙位均售價 10 美元；和里安航空一樣，天空巴士也將飛機用做看板，借此增加營業收入。但事實證明，

所有這一切都是徒勞無功。2007年4月，天空巴士停止運營。

　　雖然官方公告引述了燃油價格和持續惡化的經濟，但迪芬德弗也在抱怨航空公司的老顧客，認為他們故步自封，總愛寄希望於不可能的組合：既要捷藍航空(Jet Blue)的優質服務，又要里安航空的便宜價格(後來的航空公司更是如此)。在印隨行為和仿真式模仿行為中，一般不鼓勵離經叛道。例如，天空巴士曾拒絕採用預訂系統，因為這不屬於模型的組成部份，因此失去了很多潛在顧客。天空巴士倒閉後，很多其他航空公司又以其為模型，對托運行李收費、推出優等艙位、對頭幾個艙位的票價「大打折扣」等各個方面加以模仿。另外，灰狗巴士與小飛俠巴士(Peter Pan Bus Lines)的合營公司奔馬巴士(Bolt Bus)也採用了10美元座位的理念。

⑵與西南航空分道

　　以捷藍航空(Jet Blue)為代表的另一批西南航空的模仿者，一方面竭力保持該模型的核心特徵，一方面又對具有重要戰略意義的模型要素進行差異處理，力求不同。捷藍航空創始人大衛·尼爾曼(David Neeleman)曾將自己的莫里斯航空公司(Morris Air)賣給西南航空，之後在西南航空工作，他經常報怨西南航空不願意改革經營方略。尼爾曼以服務為差異化要素，創造了所謂的「優質折扣服務」。如果眾多廉價航空公司只提供安全、準時而樸實的服務，那麼捷藍航空就會提供準優質服務，例如為乘客配備專門的真皮座椅和個人電視。捷藍航空重視服務品質，其乘客頂撞率向來最低。它還招募了西南航空的數名老將，包括一名財務總監和一名人力資源主管。另外，捷藍航空保留了西南航空的點對點飛行、單一機型機

隊(後來增加了一種支線飛機)，同時簡化了票價結構。

　　透過上述種種舉措，捷藍航空對成本的控制與西南航空不相上下。例如在 2006 年，捷藍航空的單位有效座位里程成本為 8.27 美分，相比之下，西南航空的為 9.79 美分。不僅如此，捷藍航空還吸引了大批追求舒適愜意的乘客。當然，捷藍航空獲得成功還有其他原因，其一便是捷藍航空快速進入了尚無西南航空身影的地區，其二則是在紐約甘迺迪國際機場建立了中心機場，加強國際聯繫，使不同航空公司之間的航線實現無縫對接，並且不會產生任何費用。

⑶「一個公司，兩種制度」

　　有些模仿者一方面極力堅持自己長期推行的商業模式，一方面又在與主營業務不甚相關的獨立部門試點模仿制度。這種想法的初衷是，公司既能保持原有的沉沒投資與基礎設施，又能從模仿模型中獲取利益，既能保留原有的市場與客戶，又能進入新的市場，吸引新的顧客，同時，還能繞過工作協議和企業文化的因循守舊之處。這個想法動人心弦，因為它讓人看到了魚和熊掌可以兼得的希望，同時它還規避了解決對應問題的需要。

　　但是，這樣的好處實在是虛無縹緲。對應問題根本無法廻避，最多只能轉嫁他處，而且在很多情況下，逃避對應問題，結果只會適得其反，因為這樣的模仿者必須同時處理兩套無法調和但又不完全割裂的競爭體系。他們很難全身心投入，最後必然兩頭落空，而非兩者兼得。

　　當西南航空的市場佔有率持續增長時，老牌航空公司便迫不及待地開發對價格較為敏感的新客戶，同時又要防止老客戶棄舊迎新、

投奔他人。由於受工會合約的束縛，同時又要保護中心輻射型基礎設施的投資，老牌航空公司提出了一個誘人的理念：一個公司、兩種制度。該想法的目的是為了堅持現有的經營模式，即保留中心機場航線系統、常飛旅客優惠計劃和頭等艙段，同時建立分立單位，便於從本質上模仿西南航空，以其人之道，與廉價航空公司一競高下。

美國大陸航空公司創立的大陸快捷航空(CALite)，聯合航空公司創立的聯合穿梭(隨後又於 2004 年創立泰德航空，Ted)，全美航空公司(US Airways)創立的大都會快捷航空(Metro Jet)，以及達美航空公司創立的 Song 航空，這些都屬於「一個公司，兩種制度」下設立的分拆公司。這些航空公司模仿了西南航空的諸多層面，如簡化票價結構、取消飛機食品供應等額外服務、改善飛機和機務人員的使用效率、壓低機票銷售成本與配送成本。有些航空公司，但並非全部，還採用了單一機型方案。其他航空公司甚至模仿西南航空空中乘務員方便休閒的穿著打扮和隨意自如的言行舉止。Song 航空等後來後到的傳統模仿者不僅向西南航空學習，還借鑑了走差異化路線的成功者捷藍航空。

大陸快捷航空於 1993 年成立，是大陸航空公司的低成本分拆公司，當母公司第二次申請破產保護時，從母公司脫離而成。成立分拆公司的初衷是模仿西南航空的經營之道，例如點對點飛行、樸實無華的服務(座艙不分等級，不提供飛機用餐)、快速週轉和舉止隨和的機組人員，最後直接與西南航空競爭(儘管在開始階段處處躲避競爭對手在美國西南地區建立的根據地)。與西南航空不同，大陸

快捷航空為乘客提供指定座艙和常飛旅客里程積分計劃(積分標準相對較低)。另外,大陸快捷航空還採用多種機型,這點也是與西南航空的不同之處。

事實證明,大陸快捷航空的模仿可謂一敗塗地。在其 1994 年第 10-K 號檔案文件中,大陸航空公司注意到,分拆公司大陸快捷航空採用「超低價航班」模式,結果無利可圖,導致「經營困難」。它還補充道,單線式點對點飛行造成的損失佔全部損失的 70%,因為點對點飛行妨礙了公司充分利用其在休士頓和紐華克的中心機場。同時,大陸快捷航空的創辦與運營耗費了大量額外的管理時間和管理資金,削弱了母公司的服務品質,致使乘客投訴節節攀升。

1995 年,大陸快捷航空重新併入母公司,方才存活下來,但只保留了快速週轉等部份模型要素。大陸航空公司首席執行官戈登‧貝休恩(Gordon Bethune)事後評論道:「要是我們再任由事態發展 6 個月,說不定會賠掉整個公司。」比爾‧迪芬德弗時任大陸航空公司的高級副總裁,他說,大陸快捷航空失敗了,因為它以母公司的全價乘客為主要客源,造成了品牌混亂,況且成本並非真正節約,不過是轉移到其他地方罷了。

其他老牌公司的分拆公司也好不到那兒去。1994 年,聯合航空公司創立聯合穿梭航空,目標直指西南航空的勢力範圍。與西南航空一樣,聯合穿梭也提供了頻繁的點對點飛行服務,但保留了頭等艙(該項特權很受商務乘客歡迎,他們可用自己的身份或飛行里程來升級服務品質)、優等艙位預定、常飛旅客里程積分。當時,西南航空實力雄厚,立即發動反擊,令上述舉措一觸即潰。聯合穿梭未

能建立相應的成本結構來管理廉價航空公司。例如，凡與總公司級別相同的部門，都保留了相應的監管人員。

聯合航空不因失敗而氣餒，於 2004 年成立了另一家分拆公司泰德航空。這一回，聯合航空避開與西南航空的正面交鋒，而是以實力較弱的美國邊疆航空公司(Frontier)和美國西部航空公司(America West)為競爭目標。泰德航空為乘客提供衛星廣播和免費電影等各種舒適服務，以此與西南航空區分開來。但乘客根本不買賬，泰德航空只好在 2008 年關門停業，甚至有一家雜誌大肆宣稱:「泰德死了。」全美航空公司旗下大都會快捷航空也採取了類似舉措。由於成本結構臃腫龐雜，大都會快捷航空難以應對 2001 年「9·11」事件後的低迷期，於當年 11 月停業倒閉。「大都會快捷航空，」西南航空總裁赫伯·凱萊赫思考道，「口口聲聲要成為一家低票價航空公司，但它的成本並不低。」幾年後，印度捷特航空公司(Jet Airlines)創始人納裏什·戈亞爾(Naresh Goyal)就此事說道:「印度沒有低成本航空公司，只有低票價、無利潤的航空公司。」

另一模仿嘗試來自達美航空，它於 20 世紀 90 年代推行一個公司、兩種制度，成立分拆公司，號稱達美快捷航空(Delta Express)，結果弄得一團糟，又於 2003 年創立了 Song 航空。為了打破廉價航空公司的團團圍攻，達美航空還專門抽調部份主管經理組成工作小組，同時聘請麥肯錫公司提供諮詢顧問，它甚至不惜犧牲短期盈利，斥資 7500 萬美元，作為工作小組的專項資金。工作小組認真研究達美快捷航空及其他航空公司分拆公司的失敗教訓後，將週轉時間設定為 50 分鐘，這樣，飛機平均每天可飛行 13 個小時以上，

飛行時間超出達美航空總公司 20%左右。除此之外，乘務人員還要在飛機著陸之前把客艙整理乾淨，而清潔人員則在乘客下機時，從另一端進入飛機。達美快捷航空管理層希望透過降低乘務人員的薪資報酬和提高飛機的使用效率，讓營運費用降低 1/4。

從以往的分拆公司來看，教訓之一便是要從母公司那裏獲得更多的獨立空間，然而 Song 公司卻與達美航空共用飛行員、維護人員及其他資源。教訓之二就是要打造一個獨具特色的品牌，但 Song 航空公司的差異化方式與早期模仿者捷藍航空公司相差無幾。Song 航空與捷藍航空的區別在那裏？行銷總監蒂姆‧ 梅普斯(Tim Mapes)想起了情感依戀與生活方式的圖景，說道：「我們要建立品牌，而不僅僅是航空公司。」Song 航空不但在飛機上兜售自己的高端品牌產品，而且還在紐約休南區和波士頓建立 Song 牌零售店。不僅如此，Song 航空還把精力集中在女性顧客上，同時維持與母公司的表面關係，從而將差異化戰略更向前推進了一步。

然而不幸的是，這些與眾不同的因素並非顧客所需，或者說顧客不願意為此花錢。另外，由於捷藍航空的存在，Song 航空幾乎連創新的機會都沒有。與此同時，上述差異化因素還會導致成本增加。由於之前勞動協議的制約，Song 公司支付飛行員的薪資標準必須與母公司相同，也就是說必須執行行業領導者的薪資標準。雖然飛機乘務人員以及大部份地勤人員薪資相對較低，人員編制數額也相對較低(例如只配備 4 名乘務員，相比之下，母公司的波音 757 型飛機配備了 6 名乘務員)，但這種人員配備水準必將造成士氣低落，最後危及優質服務。Song 公司以單一機型為主，但要實現利潤，其波

音757系列就得搭載比西南航空737系列和捷藍航空短程客機系列更多的乘客才行，況且 Song 航空的飛機週轉時間本來就比較長。兩年後，Song 公司退出市場。同樣，在歐洲，與母公司融為一體的分拆公司，如荷蘭皇家航空公司(KLM)的巴茲航空(Buzz)，也遭遇了同樣的命運。

總而言之，沒有一家老牌航空公司能夠透過「一個公司、兩種制度」來成功模仿西南航空的經營模式。但新加坡航空公司(Singapore Airlines)全資子公司勝安航空(Silk Air)也許是個例外。勝安航空充分利用了母公司一流的樟宜機場，以此作為遠端國際航線點對點飛行的連接基地。至於其他航空公司，其分拆公司產生的成本節約實在微不足道，連 50%的經營成本缺口都填補不了。另外，老牌航空公司的組織機構受國際航空運輸協會的嚴格管制，因而必須承擔巨額的行政負擔與成本，分拆公司因此無法得到保護。由於受到現有機隊規格的制約，分拆公司甚至連西南航空模型中的編碼要素都達不到，例如在行業低谷時段訂購標準型號飛機。

在模仿隱性要素方面，潛在模仿者的差距甚至更大。凱萊赫在公司說道：「也許很多航空公司嘗試模仿西南航空，但沒有一家能夠成功複製西南航空的核心精神：團結一致、樂觀進取以及出色的團隊精神，西南航空的員工總能互相鼓勵，堅持不懈地為廣大旅客提供一流的服務……即使很多公司在很多方面模仿過西南航空，但它們無法複製我們最為重要的成功要素——我們的員工。」

雖然凱萊赫談論到了良好的員工關係和團隊精神，但西南航空的企業文化仍然是不斷追求成本節約，而這一點恰恰是傳統航空公

司不太關心的一個層面，追求成本節約的挑戰恐怕與創新型製藥公司竭力進軍仿製藥生產所面臨的挑戰不相上下。這樣的模仿，不但沒有學會原始模型得以成功的基本要素，還會給模仿者自身的經營體系帶來重重矛盾，進而產生最壞而不是最好的結果。同時，傳統航空公司由於過分專注模仿目標，結果顧此失彼、本末倒置，忽視對重要事情的關注，忽略對現有模型進行改善的可能性。迪芬德弗注意到，雖然傳統模型對於某些航空公司來說富有成效，例如香港國泰航空公司、新加坡航空公司和英國航空公司，但是，採用軸輻式航線網路的航空公司早已將此拋之腦後，非但如此，它們還放棄在軸輻網路推陳出新、經營獲利的出路。

除了航空業，在其他行業，我們也可以看到類似的趨勢。為了與廉價的仿製電腦競爭，IBM 在 1992 年建立了低端安博電腦(Ambra)事業部，將產品生產外包給其他公司，同時採取郵件銷售和電話銷售方式。這一想法的出發點是模仿仿製電腦。實際上，當IBM 發佈產品編碼「紫皮書」時，就是在鼓勵其他公司使用自己的標準，這些仿製公司也受到邀請使用該標準，但是現在，它們倒瓜分起自己的市場了。安博電腦事業部也遇到了諸如品牌混亂這類讓航空公司分拆公司頭疼的問題，隨後於 1994 年關門大吉。安博電腦事業部與 IBM 創立個人電腦事業部時採用的結構截然不同，後者是獨立的利潤中心，離總部天高皇帝遠，具備外包、定價和建立銷售管道三大自主權。

同樣，數字設備公司(Digital Equipment Corporation，DEC)打算從主營業務進軍個人電腦業務，但又沒有建立必要的低成本結

構,結果栽了一個跟頭。在汽車領域,通用汽車模仿日本車商,創立了自己的土星汽車事業部(Saturn),採取的舉措有減少工種、用工作小組代替傳統裝配線,等等。但這一模仿嘗試照樣以失敗而告終。美國連鎖超市艾伯森公司(Albertsons)旗下極限折扣店(Extreme)也是如此。從上述所有示例可以看出,凡是模仿某一個模型,又不放棄不同環境下的現有模型,是註定要失敗的。

⑷異地推廣西南航空模型

將模型從一個環境推廣到另一個環境(一般要跨越國界),是非常重要的一種模仿形式。加拿大西捷航空公司(West Jet)成立於1996年,投資人之一是捷藍航空創始人大衛·尼爾曼。西捷航空將西南航空的經營方略複製到了加拿大市場。「我們決定複製西南航空的經營模式,並融入加拿大特色。」和西南航空一樣,西捷航空也只採用波音 737 系列飛機,但為乘客提供了預定座艙、食品(需購買)、貴賓候機室以及捷藍航空的電視服務。這樣的經營方略獲得了高額利潤。2005年,中國出現了春秋航空、鷹聯航空和奧凱航空三家航空公司,它們也採用了與西捷航空相同的經營理念。另外,尼爾曼還將這一經營模式推廣到巴西,成立了巴西阿蘇爾航空公司(Azul)。阿蘇爾航空設法直追汽車票價,這一點酷似捷藍航空。

然而,成功推廣西南航空經營模式的最佳範例卻是兩家歐洲航空公司:愛爾蘭里安航空(Ryanair)和英國易捷航空(Easy Jet)。雖然所有模仿者無一例外都要面對對應問題,但跨國模仿者要面臨更大的挑戰。它們要將經營模式移植到另外一塊土壤,因而必須考慮二者環境的不同之處。就這兩家歐洲新創公司而言,它們與西南航

空存在一定的相同點，這有利於模仿。例如，美國放寬航空市場管制，對西南航空的誕生有至關重要的作用，而 1993 年歐洲市場放寬管制，也為歐洲的異地推廣者開拓了各種機遇。

雖然歐洲旅行大都是跨國旅行，情況有可能更為錯綜複雜，但歐盟一體化取消了護照和簽證限制，讓旅行更加順暢，同時也創造了額外需求。另外，模仿西南航空的其他有利條件還有很多，譬如二線機場比比皆是，飛行航班大都較短，英國甚至具備一個類似達拉斯這種廉價、監管寬鬆的基地。除此之外，歐洲還有一個優勢：它的人口比美國密集。雖然歐盟市場非常廣泛的鐵路運輸導致競爭更為殘酷，不過，如果航空公司投入更多精力來控制成本，上述缺陷不是不可以彌補的。最後，西南航空尚未擴張到歐洲，也算少了一個潛力巨大的競爭對手。

里安航空公司於 1985 年在都柏林創立，它是一家廉價航空公司，以低廉的票價同英國和愛爾蘭的旗艦航空公司競爭。但是，這家新公司有一個問題：它不具備支援低票價的成本結構，而這一成本短缺帶來的損失高達 1800 萬英鎊。據說，當年里安航空創始人托尼・里安(Tony Ryan)聘請邁克爾・奧利裏做他的個人助理(現在他已是里安股份首席執行官)時，奧利裏當即建議老闆關掉虧損企業。1991 年，里安帶著奧利裏去達拉斯參觀西南航空，會見了西南航空的首席執行官兼總裁。兩人回國後，便著手複製西南航空的經營模式。在接受《華爾街日報》採訪時，奧利裏說：「我們所做的一切都是在模仿西南航空赫伯・凱萊赫創立的成功模型。事實上，我們也許是唯一能夠成功模仿這一模型的人，有了這一模型，我們也

許還能比西南航空做得更好。但不管怎樣，它仍舊是西南航空的模型。」

在模仿西南航空經營模式的過程中，里安航空絕不斤斤計較於細枝末節，例如人性化服務，相反，它單刀直入，直取要素。里安航空保留了原始模型的基本原則，但在追求「以盡可能低的價格銷售給盡可能多的人」這一經營方略時，比西南航空更勝一籌。里安航空大刀闊斧地削減開支，因而收費範圍無所不及，行李搬運、優先登機、座艙預定甚至飲品供應等莫不收費。飛機座位不能向後傾斜，以容納更多乘客。遮光窗簾和前排座椅靠背儲物袋不再提供，因為這些東西會增加重量，同時也需要清洗，因而會增加週轉時間。

里安又做出了一些新舉措，包括取消登機站和取消行李托運服務。該公司正在策劃對乘客收取飛機廁所使用費，主要目的是縮短飛機週轉時間；同時，為飛行期間願意購買站票的乘客提供更便宜的機票。飛機機艙內外的每一寸面積都拿來進行廣告宣傳，可謂物盡其用。不止如此，里安航空還與相關供應商(如租車公司)建立搭賣關係，以增加收入。另外，飛機乘務人員要自行購買制服，辦公人員要自行購買文具，幾乎所有機票都採取在線售票方式。常飛旅客優惠計劃也被取消了。

「我們就像美國的沃爾瑪——高堆貨物、低價售出。」里安航空稱為「帶翅膀的沃爾瑪」。這種經營方略非常賺錢，淨利潤在 20%左右浮動，大約是競爭對手的 3 倍。西南航空的凱萊赫對里安航空極為讚賞，稱其為「迄今所見對西南航空的最佳模仿」。

易捷航空將西南航空的低成本與捷藍航空的優質服務、主要機

場的便捷飛入結合在一起。和西南航空一樣，易捷航空得意地宣稱「人是實現差異的關鍵」，並且「與我們的成功密不可分」。在網站上，易捷航空坦承自己「借鑑了美國西南航空公司的商業模式」，但又補充道：「客戶訴求是由『低成本加上關懷與便利』確定的。這就是說，即便我們千方百計地降低成本，我們仍會為顧客提供優質產品和卓越服務。」

　　在召開的會議上，易捷航空管理層承認自己模仿了西南航空的點對點服務、單一機型機隊、大小機場平衡、飛機快速週轉、高效用航班時間表等理念；不過，易捷航空宣稱，要在座位密度和客座率方面超越西南航空(二者客座率分別為 84.5% 和 69.5%)。同時，易捷航空還宣稱公司已先行採用直銷策略(不必向旅行社支付佣金，不必參與全球分銷系統)，擁有近 100% 基於網路的無票銷售且無任何購票限制，所有航班均採用單向統一定價(西南航空票價分成 6 類，2000 年以前甚至有 11 類)，離航班起飛時間越近，票價越高，而不是越低。

易捷航空商業模式的模仿與創新

商業模式的組成要素	先行者
低票價,高回報	
點對點航線網路,無中心機場	西南航空
單一機型機隊	西南航空
大小型便捷機場的平衡	西南航空
快速週轉,航班時間高效利用	西南航空
座位密度高	不止西南航空
客座率高	易捷航空
單一票價模式	
所有航班一律實行單向票價	易捷航空
無限制(如星期六夜間航班,等)	易捷航空
任何時段各航班票價一致	易捷航空
臨近起飛,票價不降反升	易捷航空
公開透明、方便乘客、快捷易用	易捷航空
自始至終低成本分銷模式	
100%無票服務	易捷航空
100%直接面向消費者	易捷航空
零旅行社佣金	易捷航空
不使用全球分銷系統	易捷航空
透過呼叫中心、機務電話進行預售	易捷航空
近100%的網路分銷	易捷航空

　　易捷航空還將「簡單明瞭」這一理念融入一切工作,例如在人員編制上從不排資論輩。易捷航空如何平衡模仿與創新的關係,詳見上表。

　　無論是對於老牌競爭對手如英國航空公司，還是傳統廉價航空公司如英國米德蘭航空公司，易捷航空有著得天獨厚的成本優勢，不僅如此，易捷航空的經營成果甚至還要好過西南航空(見下表)。

易捷航空與西南航空業績比較

波音737-700　2004年航班	易捷航空	西南航空	易捷相對於西南航空
平均票價	£42.35	49.21	-14%
＋附加費用	£2.55	1.96	
＝單位乘客總收入	£44.90	51.17	-12%
×付款率	100%	87%	
＝單位登機乘客收入	£44.90	44.73	0%
×客座率	84.5%	69.5%	
＝單位座位收入	£37.94	31.09	+22%
×單位飛機座位數	149	126	
＝單位航班收入	£5653	3917	+44%
/單位航班投資	£4708	5292	
＝投資回報	1.20×	0.74×	+62%

　　像西南航空一樣，易捷航空稱「很多公司力圖模仿易捷航空的商業模式，但成功者寥寥無幾」，但易捷航空也承認，公司的很多創新成果受到別人模仿，包括乘務員制服和單向票價制度，其中單向票價制度為里安航空(2000 年，里安航空票價分成 6 類)和英國航空所採納，乘客可自主選擇是否採用該票價。

里安航空和易捷航空一取得成功,亞洲的異地推廣者便紛紛效法。亞洲與美國和歐洲不同,其政治和經濟並未完全融合,加之國際航班是由雙邊協議確定的,因此航線設計更顯錯綜複雜。儘管在這種情況下,對應問題有待商榷,但仍有足夠的補償辦法。例如,亞洲乘客對價格非常敏感,這就使折扣機票更能打動乘客芳心;即使便宜的替代方案處處可見,如汽車、火車、輪船,但大都因為設備陳舊、存在安全隱患、條件簡陋等臭名遠揚,而這一切甚至讓樸實無華的航空旅行更具吸引力。

馬來西亞的亞洲航空(Air Asia)就以里安航空為模型,建立了自己的航空公司,里安航空為之心動,與其簽訂 5%的投資協定。亞洲航空採用單一機型的運營模式,只不過飛機從波音 737 換成了空客 A-320。公司稱若以單位成本計算,費用可節約 12%;若以現金成本計算,費用可節約 20%。

「9·11」和非典疫情事件後,民航業一路衰退,在低谷之際,亞洲航空和西南航空一樣,反而購入多架空客飛機。亞洲航空各航班不提供食品和飲料,本意不僅僅在於避開各種宗教禁忌,同樣還在於降低週轉時間。另外,信用卡在民航領域尚未普及,因此亞航還推出了可代替信用卡的銀行轉賬服務。

費爾南德斯啟動了亞航 X 遠途旅行項目,為乘客提供豪華座位,不過費爾南德斯堅持認為自己是在「固守低成本的競爭法寶」,因為該項目取消了聯程服務、飛機日飛行時間達 18.5 小時,這比任何航空公司都要高。亞洲的模仿者一旦起步,就會迅速擴張,目前有太多的廉價航空公司模仿西南航空,甚至易捷、捷藍等二代模仿者。

　　例如，印尼亞當航空公司就採用了豪華艙打折服務。在印度，德幹航空公司於 2003 年模仿了西南航空的經營模式，但很快又有一大批模仿者追隨其後，不過這些模仿者並沒有在擁擠的天空中賺到錢。

　　最後，有些航空公司只採納了西南航空經營模式的部份要素。這一過程看似非常簡單，因為它沒有涵蓋整個經營體系，因此模仿者可以有所選擇；但同時，這樣做也有一定的風險，即模仿者可能無法複製經營模式各要素之間千絲萬縷的因果關係，導致模仿要素與經營體系中其他要素不相協調，或者沒能把原始模型中的支柱性關鍵要素模仿到手。

　　例如，為了避免西南航空對西雅圖中心機場的威脅，阿拉斯加航空公司(Alaska Airlines)選擇先發制人，決定採用單一機型，加快飛機週轉速度，降低顧客與西南航空的交接費用。同時，阿拉斯加航空為乘客提供頭等艙和常飛旅客優惠計劃，保留了豪華與經濟的不同艙位。然而，為乘客提供「業界最有價值的服務」這一經營方略，其結果也是喜憂參半。

　　為適應潮流，美國西部航空(America West)將自己轉型為廉價航空公司，並取得了一定的成功──單位有效座位里程成本為 7.81 美分，非常接近西南航空的 7.77 美分(2004 年)。但西部航空同時也保留了中心機場及頭等艙位。西部航空注重運營與服務，2007～2008 年，其航班正點率從最差一路上升為最好。

　　為了與經濟型航空公司拉開差距，西部航空(更名為全美航空公司)模仿了美國大陸航空公司的一些做法，例如，公司達到經營目標

後，給全體員工發放現金獎勵，當然還有個人優秀服務獎。其他模仿者透過模仿西南航空經營模式中的孤立要素，也取得了一定的成功，例如頒發高效生產獎，這一舉措會促使飛行員加快飛機週轉速度。

心得欄 ‑‑‑‑‑‑‑‑‑‑‑‑‑‑‑‑‑‑‑‑‑‑‑‑‑‑‑‑‑‑‑‑‑‑‑

‑‑‑

‑‑‑

‑‑‑

‑‑‑

‑‑‑

2

沃爾瑪超市

1962 年是折扣零售業中至關重要的一年。凱馬特(Kmart)、沃爾瑪、塔吉特(Target)公司均在這一年成立。凱馬特公司是從 1899 年一家五分一角的連鎖商店演化而來的，其本身又模仿了伍爾沃斯公司(Woolworth)。伍爾科(Woolco)和伍爾沃斯的折扣分部也是在這一年成立。所有這些公司沒有一家是折扣商店的先行者，而在它們之前還有科維特公司、馬麥斯馬特公司、潔爾百貨公司和沃那多公司，等等。

其實，在 1962 年，折扣零售業規模已經達到 20 億美元。其中最為著名的就是沃爾瑪了。沃爾瑪是世界最大的零售商，年收入超過 3500 億美元。沃爾瑪以大規模和「天天低價」(「高堆貨物、低價售出」)而聞名於世，以超級高效的物流系統和信息系統而著稱。沃爾瑪是第一家實現供應鏈自動化管理的零售商：1974 年沃爾瑪開始實施電腦化庫存控制，1979 年實現銷售點自動化，1981 年實現電子數據交換，1985 年開通衛星網路。沃爾瑪的庫存系統由供應商管理，這樣可將供應商與配送中心、零售店連接起來，因此零售店的銷售量始終處於連續計算與分析的狀態。沃爾瑪還建立了一套交

又配送系統,由專用貨車車隊和配送中心共同負責,這樣一來,其銷售成本與行業平均水準相比,降低了 2%～3%。

提高效率可以產生巨額成本節約。1989 年沃爾瑪獲得年度最佳零售商獎之際,其配送成本估計只佔銷售額的 1.7%,相比之下,當時具備規模優勢的大型零售商凱馬特公司為 3.5%,西爾斯(Sears)為 5%。沃爾瑪的物流系統和信息系統還有利於密切監視顧客的消費趨勢,這又使零售商能夠及時調整商品採購與銷售。

沃爾瑪的經營戰略不僅被零售業的競爭對手所模仿,還被業外其他公司所模仿。有人將里安航空公司稱為「空中沃爾瑪」,里安老闆奧利裏引以為傲。當有人問戴爾首席執行官凱文‧羅林斯如何看待自己的公司被稱為「電腦界的沃爾瑪」時,他反駁說:「他們是在明褒實貶。(不過)我們認為這是高度讚揚,你看看沃爾瑪的成功就知道了。」

業內外很多公司都在積極模仿沃爾瑪的經營模式,它們對各項要素精挑細選,最後採納備受稱讚的信息系統、供應商搭售模式、門口迎賓員,等等。然而,當沃爾瑪成為其他公司的模仿對象時,沃爾瑪也一樣也表現出了敏銳的觀察力,並在適當情況下模仿其他公司和經營形式。用沃爾瑪創始人山姆‧沃爾頓的話說:「我所做的一切大都模仿自他人。」例如,沃爾瑪的巨型超級市場就是在沃爾頓去巴西時看到這一經營模式後開辦的。

另外,沃爾瑪還能快速採納競爭對手的非專利性創新和第三方創新,例如塔吉特百貨公司的電腦調度系統。2000 年,沃爾瑪在美國最高法院成功辯護了其他公司的侵權起訴,法院裁定,包裝設計

不受法律保護。當英國樂購公司(Tesco)初來美國開辦小型店鋪，為廣大顧客提供新鮮農產品之時，沃爾瑪立即對這一曾經的模仿者的創新進行模仿，推出了自己的市口店(market side)。

不過，沃爾瑪不僅僅是模仿者，而且還是創新型模仿者。在借鑑他人的創新成果時，沃爾瑪還會竭力完善、改進並綜合利用關鍵戰略交點。其中一例便是條碼技術，該技術取自百貨業。沃爾瑪並沒有僅僅用此來核對價格，還利用該技術來分析採購模式——這對任何零售商而言是一種難能可貴的能力，以供應鏈效率和定價為競爭內容的零售商尤其如此。

拿沃爾瑪的經營戰略與對手公司凱馬特的經營戰略加以比較。凱馬特公司有著經營廉價小商品雜貨店的資金、技術和經驗，因此在平價行業一直處於遙遙領先的地位。1963 年年底，凱馬特已經擁有 53 家店鋪，而沃爾瑪當時才剛剛開始籌劃第二家店鋪；到了 1979 年，凱馬特擁有 11891 家店鋪，而沃爾瑪只有 229 家。雖然凱馬特的規模優勢轉化為採購、行銷、配送上的成本節約，但這並沒有抵消沃爾瑪在運營效率方面的優勢。凱馬特沒有在輔助系統上投入資金，而是將自己的運輸系統和管理信息系統外包出去，因為以傳統的投資報酬率為標準來看，沒有理由讓這些系統留在公司內部。結果，沃爾瑪每售出 1 美元產品，其配送費不到 2 美分(為業界最低水準)，而凱馬特則需 5 美分。

1982 年年初，當凱馬特遠遠落後於人時，便開始一心一意向沃爾瑪學習。凱馬特以信息技術為起點，委任沃爾瑪前顧問執掌此事。然而不幸的是，凱馬特既無主觀能力，又無客觀條件，無法充

分發揮模仿優勢。凱馬特很多商店都地處人氣不高的市區,目的是接近目標客戶,然而這樣的地理位置也把外地顧客摒除在外,同時這也為貨車高效送貨帶來了難度。2003 年,凱馬特認識到了這一問題,當即退出了新鮮食品業務,因為在新鮮食品業,配送環節非常關鍵。緊接著,凱馬特對沃爾瑪的經營要素進行精挑細選,並設法模仿,例如設置轉盤式裝袋機,依據貨架空間而非貨物體積來談判價格。由於成本結構相對較高,凱馬特難以匹敵沃爾瑪的價格優勢,因此只好轉向高端市場。但凱馬特既沒有相關知識,也沒有品牌,無法迎合高端市場,況且凱馬特的店鋪位置本來就有先天不足。與西爾斯合併重組後,凱馬特仍將繼續行進於掙扎之路。

達樂公司採取的路線在一定程度上與里安航空追求的路線較為接近。達樂公司始創於 1939 年,但在隨後幾年中,達樂公司一直留心沃爾瑪的一舉一動,並在年報中時常提及沃爾瑪。達樂公司一方面極力保留沃爾瑪的經營模式,一方面又極力對此進行簡化。達樂公司堅持低庫存,限制廣告費用,並將店鋪位址選在廉租區域。達樂公司透過縮小低價商品的供貨範圍,同時標新立異在市區推出快進快出的小型便利店,從而達到控制成本的目的。加上精良考究的供應鏈,有限的貨品數量,達樂公司的運營成本絕不比沃爾瑪高。例如 2003 年,沃爾瑪 1 美元銷售額淨賺 3.5 美分,而達樂公司則賺到了 4.3 美分。為應對達樂公司,沃爾瑪在部份門店試點「幾分與幾角」購物區,以相同的價格為顧客提供類似的產品。

百思買集團(Best Buy)曾在 1995 年宣佈,10 年後,百思買會成為一個價值 1000 億美元的企業。這一預言恰恰是對沃爾瑪創

始人在 1990 年預言的翻版。如今，百思買已經成為美國最大的電子產品零售商，目前正在積極推進全球擴張。

　　百思買以沃爾瑪為榜樣，努力學習它的運營效率和規模效益，但也並非一味盲從，而是創造自己的特色，例如為顧客提供豐富的產品種類、技術知識的援助和輕鬆的購物，因此榮獲最佳購物標誌與購物輔助獎，方便顧客購物的最佳佈局獎，最快結賬獎和最有效廣告獎。舒爾策發表預言之時，百思買是唯一一家經營成本可以接近沃爾瑪的零售商，它一方面模仿沃爾瑪的供應鏈，一方面專注於提高交易率，而不是單憑每筆交易的利潤來衡量經營業績。

　　百思買與沃爾瑪聯合進軍大型電子產品業務，這一戰略令電路城公司(Circuit City)陷入困境。和天空巴士一樣，電路城也是力圖模仿兩個不相容的模型：一個以價格競爭為中心，一個以知識、經驗、服務競爭為中心。電路城一方面急於削減成本，一方面又缺乏運營能力，最後採取極端措施，將公司最好的(因而也是收入最高的)銷售人員予以解僱，如此一來，可與沃爾瑪形成差異的店內專業服務實質上已經不復存在。同時，電路城還建立了自己的火狗安裝服務部(Firedog)，而這一策略是對百思買奇客電腦特工(Geek Squad)的模仿，這一舉措很可能是要在寶潔所謂的「第二個決定性時刻」，即使用之際，創造差異。如此一來，電路城製造了難以相容的經營模式，既不能提供最優價格，也不能提供最佳客戶服務。到了 2008 年年底，電路城破產倒閉。

　　當沃爾瑪開始積極擴張到玩具業時，美國玩具反鬥城(Toys' RUs)也面臨著電路城曾經經歷過的猛烈攻擊。起初，玩具反鬥城重

蹈了傳統航空公司分拆公司的覆轍，僅僅模仿低價經營模式，卻不具備低成本基礎。直到 2005 年被一系列投資者收購後，玩具反鬥城才從價格競爭中解脫出來，並改變了商店佈局，提高商品週轉率，同時在員工培訓上投入資金。而且，玩具反鬥城還開始與玩具廠商密切合作，共同開發獨特的產品理念，而這一戰略後來又被塔吉特模仿推行。玩具反鬥城模仿了沃爾瑪的許多做法，例如折扣定價和高效供應鏈，但現在也成功地實現了充分的差異化經營，從而獲得適當的高價優勢來彌補自己在規模和效率上的劣勢。另外，玩具反鬥城還積極利用各種新興機遇和創新機遇，例如最近，在美國凱蜂玩具(Kay Bee Toys)破產後，玩具反鬥城趁機在其撤離的商場開設了小型商店、設立櫃台。連鎖超市也經歷了同樣的學習曲線。在竭力效仿沃爾瑪的價格體系後，連鎖超市自身的運營成本模型難以為繼，因此只好將競爭內容轉移到購物環境、新鮮產品選擇和特色產品上。

例如，在傳統雜貨商中，美國克羅格公司(Kroger)歷來堅持最低廉的價格定位，其市區店鋪經常以超低價格向顧客提供優質百貨。與此同時，克羅格還為顧客提供更高檔的購物體驗、更豐富的貨品選擇、更精簡的產品包裝和更方便的預製食品，進而形成自己的差異優勢。這樣一來，克羅格不但在沃爾瑪等大型零售商市場中保住了自己的一席之地，而且還能從小型雜貨商那裏搶佔市場比率。不僅如此，克羅格還與英國樂購公司旗下德恒市場研究公司(Dunnhumby)締結盟約，以此來分析消費者的購物模式。

另外，家得寶、史泰博、諾德斯特龍、蓋璞也在擇優選取沃爾

瑪的獨到之處進行模仿，例如條碼、供應商信息共用和銷售點自動化。採取這些舉措，可縮小成本差距，同時又不會犧牲自己的特色。另一位成功保持特色的模仿者是塔吉特。和捷藍航空、百思買集團一樣，塔吉特的定位是「優質折扣」，產品品質比折扣零售商高，但價格又比專門零售商低(正所謂「更多期待，更低價格」)，這樣既模仿了沃爾瑪，又保持了自己的不同。在這一點上，塔吉特與華納兄弟娛樂公司(Warner Bros.)頗具相似之處。華納兄弟是動畫產業的後來者，採取了「低成本、差異化的『實用』策略」。同樣，塔吉特也在設法控制成本，同時又竭力推出新穎而優質的產品與服務。

　　事後證明，上述模式非常管用——塔吉特的股票收益遠遠高出了沃爾瑪。據稱，塔吉特「非常開放，樂於接受外界影響」。塔吉特在運營、供應鏈、信息技術及銷售方面模仿沃爾瑪的成功要素，但又在商品銷售和市場行銷方面追求自己的特色。由於塔吉特定位高端，其管理層堅信，此時此刻直接追隨沃爾瑪進軍新興市場絕非明智之舉。塔吉特董事長兼首席執行官雷格· 斯滕哈費爾(Greg Steinhafel)評論道：「也許有人會反駁，認為中國和印度越來越富足，已經對塔吉特式的商業策略做好了充分準備。」同時，塔吉特自豪地宣稱，其接待富裕客戶的豐富經驗令其商業模式難以複製。塔吉特前首席執行官羅伯特· 烏爾裏奇(Robert Ulrich)談道：「我不是說以後不可能進軍新興市場，而是說把尤格汽車變成另一個寶馬是相當愚蠢的事情。」

　　和易捷航空一樣，韓國折扣零售商易買得超市(E-Mart)將沃爾瑪和塔吉特商業模式中的成功要素推廣到韓國，並做了適當修改，

以適應韓國市場。易買得超市店面寬敞，很像塔吉特，但又融入了韓國特色，讓顧客充分體驗露天購物的氣氛。易買得在顧客界面的顧客一側上力爭不同，因為在這一方面，國內企業與國外競爭對手相比具有天然優勢：易買得收購了沃爾瑪在韓國的所有連鎖店，因為它們沒有根據韓國國內需求來正確調整經營模式。其他零售業模仿者，如中國的物美集團，也採取了同樣的策略，並獲得了巨大的成功。

心得欄 ----------------------------------

3

蘋果公司

當創始人史蒂夫‧約伯斯(Steve Jobs)再度出任蘋果公司首席執行官時，新舉措之一便是要徹底改變授權計劃——授權計劃本來是從 IBM 個人電腦事業部那裏學來的，當初，IBM 個人電腦事業部故意讓潛在競爭對手知道其產品代碼，希望借此建立新的標準。雖然蘋果在模仿IBM時，希望對系統進行授權使用，而非免費贈送，與 IBM 的策略有一定的區別，但二者的結果卻大體相當：都讓仿製電腦生產商搶佔了重要市場比率。約伯斯根據自身經驗，知道這裏面的風險：當蘋果推出第一台個人電腦時，亞洲的模仿者進行了快速而瘋狂的模仿，結果，美國國際貿易委員會只好下令禁止仿製電腦在美國市場銷售。過去 10 年來，蘋果公司每次推出新款產品，包括 iMac、iPod、iPhone，以及很多方法和技術時，幾乎無一例外地遭到了模仿。

蘋果公司非常注重培育自己作為創新型公司的形象，它甚至在2006 年產品展示會上派出了搖滾歌手貓王的模仿者，試圖借此說明：模仿絕不能與創新相提並論。然而，蘋果公司本身就是一位技藝高超的模仿者。曾經擔任過蘋果公司首席執行官的約翰‧斯庫利寫道，

麥金塔電腦技術「不是在辦公大樓裏憑空發明的」。蘋果機的視頻接口可要歸功於美國施樂公司帕洛阿爾托研究中心(Palo Alto Research Center，PARC)，蘋果總裁曾到該中心拜訪過，還聘請了其中的一些研究人員。很多人機接口——最有名的當推滑鼠了，也並非施樂公司發明，而是由道格·恩格爾巴特(Doug Engelbart)科學家發明的，他曾與一些後來加盟 PARC 的研究人員合作過。

從前，蘋果公司開發的應用軟體剛剛商業化，微軟公司便立即著手模仿，才有了今天的 Windows 作業系統，在後來的作業系統版本中，無論是 Windows，還是 Mac OS，很多功能也大都來源於其他公司。說不定幾年後，蘋果公司還會模仿並改進捷威公司(Gateway)的零售店理念，同時看著微軟(在沃爾瑪老將的帶領下)在亦步亦趨、步已後塵呢。2005 年，一家拉格斯(Lugz)休閒鞋銷售商控告蘋果廣告代理商模仿拉格斯的廣告，末了還加了一句，說蘋果公司以「富有創新精神」而著稱，沒想到也會模仿，真是讓人大吃一驚。

令人吃驚的是，蘋果公司的的確確是組合式模仿的高手。很多先行公司在現有技術和現有材料的基礎上進行重新組合，創造了新的技術，蘋果公司不過是沿襲了這些前輩公司的老一套罷了。古登堡在發明印刷機時結合了油基印墨和螺旋壓榨機，而後者本來是製作橄欖油和葡萄酒的用具。

美國麥道公司(McDonnell Douglas)製造的 DC-3 型飛機或許是迄今為止最成功的飛機，而它依靠的正是對前人發明成果的有效組合，因而創造了獨出心裁而又簡單樸素的機型。蘋果公司遵從

了同樣的思維方式，總裁約伯斯表示：「別老是費盡心思去開創下一場技術革命，只要按部就班生產出小巧玲瓏、物美價廉的消費產品就行了。」

　　蘋果作為組裝高手，在發揮創造力上似乎留有餘地，它只將創新能力應用在對現有技術的創造性組合上來，發明了令人耳目一新的產品：「蘋果被廣泛認為是創新者……其實，蘋果真正擅長的是將自己的思想與外部技術縫合起來，然後將整合結果融入超凡脫俗的電腦軟體和時尚前衛的款式設計……總之，蘋果是各種技術的結合者和整合者，對外界創意毫不避諱，而且總能隨意變通、為己所用。」

　　惠普前經理史蒂夫・鄧菲爾德表示，台灣華碩電腦集團是另一個採取組合式模仿策略的電腦生產商。華碩公司在生產電腦時，整合了各種現有技術和新技術，在便攜性、美觀性和實用性上發揮了創造性，讓電腦套件人人都能負擔得起。一位分析師談到，華碩公司打破了「個人電腦產業必須遵循的往復規律，即必須製造性能更好、速度更快的電腦產品」，相反，華碩公司總能「創造價格更低、攜帶更方便的產品」。華碩每隔 6 個星期推出新款產品後，就會漸漸偏離口號(這種做法令消費者迷惑不解)，但隨後又會重新恢復平衡。

　　有些公司雖然缺乏蘋果公司的各種技能，但能千方百計將自己的技能與外界合作夥伴的技能結合起來，變相實施了組合式和重組式的模仿策略。該策略的不足之處在於，結盟不但會讓情況變得更加複雜，還會增加交易成本。微軟和三星曾與其他供應商結盟，從而為顧客提供完整的音樂套裝軟體，進而與蘋果 iTunes 影音播放

軟體競爭，但是這一舉措並沒有成功，部份原因在於，這兩家公司限制了聯盟作用的充分發揮，儘管這兩家公司都很成功。

然而對於美國閃迪公司(San Disk)來說，「透過合作夥伴重新組合」的策略卻取得了成功。首席執行官艾利·哈拉裏評論道：「蘋果的所作所為值得效法、值得改進，這並沒有什麼神秘之處。」閃迪公司正是與真實網路公司建立聯盟後，才得以在 2006 年第二季佔領了 10%的數字音樂播放器市場。後來，閃迪公司還與 ZING System 公司和雅虎公司建立合作關係，開發出了新型無線設備，其性能有時還超過了原型。閃迪公司採用同樣的辦法推出了 Sansa View 播放器，價格與 iPod nano 相同，但存儲容量是它的兩倍。

和一切模仿行為一樣，成功重組也需要解決對應問題。當然，如果提出的解決方案比原型更適合實際情況，那就更好了。特百惠家用塑膠製品公司(Tupperware)以食品保鮮盒著稱，最早發明了家庭舞會銷售模式。後來玫琳凱化妝品公司(Mary Kay Cosmetics)將家庭舞會模式與雅芳化妝品公司(Avon)開創的直銷模式結合起來，有了強烈的社團色彩後，原來屬於特百惠塑膠製品的家庭舞會模式反而更加適合化妝品的銷售。另外，這種組合還與玫琳凱·艾施(Mary Kay Ash)本人的觀念恰好吻合，她把自己的組織看成是女性進行自我提高的社區。後來，很多其他企業家也想如法炮製，融直銷模式於社交聚會中，並將其應用到其他細分市場，但由於沒能因地制宜，模仿行動大都以失敗而告終。

第 **7** 章

企業的模仿戰略

　　最成功的似乎莫過於異地推廣者，他們將模型移植到其他環境。這類模仿者的行為一方面他們在新的領地充當先行者，佔盡優勢，另一方面又透過模仿經實踐證明切實可行的東西，降低了風險，甚至更勝一籌。

1

模仿領域

　　一項研究發現，在 129 個公司中，普通產品或技術模仿次數中位數為 6～10，重要產品或技術模仿次數中位數為 3～5。假如模仿內容為商業模式等複雜任務，假如經理對是否制定全面模仿策略遲疑不定，那麼上述中位數肯定還會更低。

　　模仿策略總體說來仍然很稀少。很多管理人士甚至不願承認自己公司參與了模仿，即使那些能夠坦然接受「模仿」一詞的人也表示，他們公司不會有計劃、有步驟地去模仿，更不用說從戰略層面實施模仿了。萊昂內爾‧諾埃爾說，如果真有公司採取了模仿路線，那可不是精心規劃的戰略，而是因為他們的創新工作失敗了，別無選擇的結果。

　　據哈佛商學院教授邁克爾‧波特說，「戰略依賴於獨特的活動」，即「特意選擇一組不同的活動來傳遞一套獨特的價值」。初看之下，模仿似乎違背了這一原則，因為模仿，顧名思義，就是要借鑑他人。不過，模仿也可以具備自成一格的派生形式或組合結構，也可以是獨特的活動，不但如此，模仿還有傳遞獨特價值的潛力，特別是與創新聯合起來時尤其如此，不過模仿一般不與創新相結合。說到「獨

特」，我們又引出了兩個問題：「在什麼樣的環境中獨特」以及「在什麼樣的形式下獨特」。模仿可以是對現有產品、技術或商業模式的複製，從而打入新的市場或新的地域；模仿也可以是迥然不同的派生產品，從而推動企業創造商業價值。

模仿機遇無處不在，不過在有些行業，模仿實施起來特別容易。例如，現代管理學之父彼得・德魯克表示，高科技產業非常適合模仿，因為高科技企業往往重技術、輕市場，這就為精明的模仿者大開了方便之門，因為模仿者以市場需求導向，或者追求廉價仿製品，或者追求差異化產品。

另外，為模仿大開方便之門的還有輕工業生產資料和日用消費品，特別是自有品牌大量興起的領域。相比之下，模仿者很難進入化學製品等行業，因為這類行業一方面有嚴格明確的法律保護，另一方面又屬於資本密集型、知識密集型和高度規範化的行業。同樣，製藥行業也有類似限制，因此，只有實力雄厚的模仿者才有條件、有能力克服上述障礙。

如果法律保護相對薄弱，如果積累的互補性資產不足以保護創新者，在這樣的領域，模仿一般較為容易。不過，人們常常忘記，模仿者和創新者一樣，也能充分利用互補性資產。例如，本田汽車和豐田汽車正是透過互補性資產，獲得了資金、名望和靈活性生產方式，從而將通用汽車擠出了小型麵包車市場。

至於具體的產品，特別是商品化的產品，其模仿效果非常出色，例如個人電腦、DVD 播放機以及基本的銀行服務。即使洗衣粉之類的品牌產品，模仿起來也沒有多大難度。例如 IT 服務供應商的計費

系統，模仿起來就要複雜得多，除非這些服務實現模塊化，或者與強勢公司建立聯盟關係。在技術方面，法律保護更顯無力，除了明令要求保密的以外，模仿者幾乎可以模仿任何能夠辨識的技術，包括新的生產技術、獨特的產品配銷方法，等等。

商業模式的保護力度最低，往往也是最有前景的模仿目標，模仿者完全有機會模仿經實踐證明行之有效的經營體系。不過，對整個商業模式進行複製是最困難的，因為模仿者需要企業級「鏡像神經元」才能解決對應問題。儘管如此，模型要素的模仿仍然是機會多多。即便創新者以解決方案的提供者自居，妄圖借此阻止能力平平的模仿者，模仿者仍有希望戰勝創新者：它可以提供低價產品，同時積蓄力量，最終依靠自己或者在聯盟夥伴的幫助下為顧客提供全面的解決方案。雖然環境問題向來重要，但異地推廣等模仿策略照樣能夠隨機應對異地環境中的不測事件，因而能創造相對原創者更高的價值。

總之，一切皆可模仿，只是有些東西模仿起來容易，有些東西模仿起來困難。雖然模仿的難易程度必須事先判斷，但這只是模仿過程中要問的第一個問題，在接下來的過程中，勢必還要涉及原型與模仿的對應問題，以及從模仿活動中獲取最大價值的能力問題。

如果我們不能給出答案，甚至連問題都未能提出，那麼模仿只會是馬馬虎虎、暗藏危險的活動。雖然這種危險隱藏在任何商業活動中，但在模仿活動中，這種危險更有隨時出現的可能——面對自我感覺良好其實早已過時的東西，人們往往更容易跌倒。

2

模仿內容

　　據巴特爾紀念研究所所長兼首席執行官卡爾・科特說,「弄清模仿內容和模仿領域」,這點成就已經不簡單。不過不巧的是,當真要問及模仿內容和模仿領域時,也往往是先決定「創新內容」和「創新領域」,剩下的就是模仿內容和模仿領域。換言之,我們在不選擇創新的領域選擇模仿。戴爾在個人電腦市場起步較晚,它認為「現在挑戰技術標準為時已晚,同時經銷商也早已建立了銷售網路」,況且康柏電腦「在零售領域已經非常強大」,於是,戴爾需要把自己的創新精力投入到市場行銷和產品分銷中來,而這也就意味著戴爾的其他一切都要依靠模仿。

　　然而,模仿內容不應是別無選擇的選擇。相反,模仿者應當根據戰略意圖、其他資源的利用能力以及保持關鍵差異要素的潛力進行主動選擇。另外,模仿內容的選擇還要結合公司的自身情況,進行適當變通,而不是單純地以模型的顯著特徵為模仿內容。例如,曾經有人提議,如果具有遠大抱負,如果具有潛力巨大的市場,如果需要互補性產品和服務,如果龐大用戶基數能夠帶來產品價值提升,那麼這些公司就應當模仿穀歌模型的特徵之一:戰略耐心。

　　在眾多模型中，只選擇顯著特徵進行模仿，這樣做的問題非常嚴重。像沃爾瑪一樣管理庫存，像西南航空一樣精簡流程，像蘋果一樣設計產品，希望「向日本人學習成本控制，向韓國人學習狂熱精神，向德國人學習卓越技術，向美國人學習市場駕馭」，這些的確很誘人，但很不切實際。

　　像理性購物者一樣合理選擇模仿內容，也許這會與凡事追求最好的流行觀念發生衝突，但據此採納的模型要素往往更符合實際需要。因此，選擇模仿內容時，不僅要考慮各個模型的互補之處，更要考慮不同模型的潛在矛盾和衝突，因為不同的模型有不同的環境和要求。記住，一定要避免內在矛盾。例如，天空巴士公司曾野心勃勃，一方面想要像里安航空公司一樣大力削減成本，另一方面又要為乘客提供像西南航空和捷藍航空一樣的優質服務，這一內在矛盾後來給天空巴士帶來了災難。同時，也不要忘了克服公司的內部障礙，例如員工排斥「非我發明」的產品或技術，或者認為產品或技術不夠尖端，這些敵對情緒要盡力消解。

　　在很多情況下，模仿者往往以一個模仿目標開始，以另一個模仿目標結束。有些公司也許會因深深迷戀於模型的某一要素而將模仿目標擴大，它們或者兼收其他模型要素，或者索性以整個模型為模仿目標。一旦發生這種任意而為的擴大化，就不太可能深入考察模型賴以成功的前提條件，也不太可能徹底弄清各個模型要素的相互關係，例如大陸航空創立快捷航空時，就曾出現過類似情況。我們必須提前確定模仿目標，因為模仿一旦開始，就很難半途中止。

　　很多老牌航空公司在全力模仿西南航空時發現了道路的艱辛，

大陸航空公司首席執行官戈登‧貝休恩在介紹大陸快捷航空的設立時表示：「這有點兒像啟動一個試點項目，我們應當先證明其有效，然後再推廣。然而，模仿行為一旦開始啟動，便勢不可擋，極難逆轉。」反之，如果一個公司以整體模型開始，但因公司內部阻力或可行性等問題，最後不得不刪繁就簡、有所選擇時，在這種情況下選擇的模仿要素就很可能有失妥當，甚至與其他要素不相協調。

　　在選擇模仿內容時，不僅要做到高明、實用、詳盡，同時還要：第一，決策要建立在透徹戰略分析的基礎上，而不應先選擇創新，在創新不足之處補以模仿；第二，必須提前確定並公佈詳盡的模仿內容、模仿對象、模仿時間、模仿方式以及模仿原因。在模仿過程中，有可能甚至有必要進行中途調整，但中途調整仍應屬於主動實施的戰略過程，而不是水漲船高的被動行為。這種步步被逼的中途調整，請勿再犯。

3

模仿對象

不要忘了，那些成功的模仿者也是我們的模仿對象，因為這些企業一再表明，它們知道模仿領域、模仿內容、模仿對象、模仿方式、模仿時間，也找到了對應問題的解決辦法，更能從模仿活動中獲取價值。蘋果、沃爾瑪、寶潔、百事可樂、卡地納健康、颯拉(Zara)服裝，等等，無不表明它們知道如何以模仿求同為起點，然後循序漸進，最後用創新實現全面擴張。當然，我們還要從屢次模仿、屢次失敗的企業中汲取經驗教訓。

最後，請不要忽略企業的內部模仿。有證據表明，同一公司，最優廠房的生產效率是最差廠房的兩倍，因此內部模仿不失為一個好主意。巴特爾紀念研究所前高級副所長亞曆‧菲舍爾談到，巴特爾下屬的七個國家實驗室彼此之間都在互相學習、互相借鑑。內部模仿相對容易是因為內部模仿非常便捷，而且沒有法律障礙，同時模仿對象和模型環境也一目了然。另外，內部模仿還可以為外部模仿提供部份經驗借鑑，雖然不是全部，但也聊勝於無。

總之，不要把全部精力集中在常規目標上，相反，我們要放眼全球，從世界各地挑選潛在的模仿目標。記住，一定要設法從殊方

異域和看似無關的行業尋找潛在目標，如果條件允許，甚至還要派
人實地考察這些模型，一如委派故意唱反調的人發表對立意見。模
仿過程越有創意，其他模仿者就越難製造相同的模型；我們越是深
思熟慮，我們的抉擇就越能稱心如意。

心得欄

模仿時間

就模仿行為而言，模仿者固然要跟隨在先行者或創新者的後面，但他們卻有權選擇進入市場的先後順序。在極個別情況下，模仿者還有可能趕在原創者前面。例如，明治時期的日本，率先實施了陸軍參謀部直接向明治天皇負責的制度，而這一制度最早是由其他國家發明的，但因遇到了國內反對及其他障礙而未能貫徹執行。關於模仿時間，主要有三種策略可供選擇：其一為快速跟進者，即緊隨先行者之後的第二先行者；其二為繼往開來者，即尾隨第一批模仿者的後來者，不過採用了強烈的差異化要素；其三為異地推廣者，即在其他時間、其他地點進入市場的第一人，其他地點可能是其他國家、其他行業或者其他產品市場。三種策略各有優劣，而且都要受到各自突發事件的影響。不同的策略又需要不同的模仿能力，因此，瞭解自己現有的能力或者有望形成的能力是選擇模仿時間以及回答其他戰略問題的先決條件。

1. 快速跟進者

「一個公司不僅希望快速追趕成功的創新者，更希望搶在其他潛在模仿者的前面，因為這些模仿者也在爭分奪秒地工作著。」快

速跟進者緊隨先行者之後，但在先行者獨霸市場之前，在其他模仿者(有時稱其為「兔子」，因為兔子的繁殖能力極強)蜂擁而至、摧毀模仿效益之前，進入市場。快速跟進這一策略的核心在於以較低成本搶佔先行者的主要優勢，成功概率較高，因而為種群生態學家所稱道。他們認為，追隨者存活概率更高，因為先來者要背負新事物之殤，其中包括認可度的缺乏。

　　諾埃爾說，快速跟進的第二名「幾乎可以隨著他人暫行」移動，是最有效的模仿者，特別是在無法實現差異化的情況下。實際上，很多實證研究表明，第二名所佔的市場比率最高可達先行者的 75%。當一家公司有能力進軍對其他潛在模仿者來說進入門檻仍然相對較高的市場時，快速跟進這一策略就非常管用。例如，仿製藥生產商一旦針對品牌藥專利提出仿製藥申請獲得成功，就可享受 6 個月的市場獨佔權，至於後來的追隨者，他們必須證明自己的藥品達到或超過美國食品藥品管理局(FDA)標準，才能獲准上市。

　　快速跟進的第二名需要雷屬風行的工作作風，因此必須具備高度發達的模仿能力，包括高超的參考借鑑能力、尋找能力、觀察能力和貫徹執行能力。當然，進行倒序設計的基礎結構、機動靈活的運營方式以及外部知識和資源提供者的聯絡平台也是必不可少的。寶潔公司前首席財務官兼副董事長小克萊頓‧達利說，由於市場行銷和產品分銷是由零售商完成的，因此生產能力成了自有品牌生產商獲得成功的關鍵因素。

　　一般，只有大型企業才具備這種生產能力以及與零售商的議價能力等種種優勢。例如，要想建立新的穀類食物品牌，新創企業至

少需要 3%的市場佔有率才能存活，但對於老牌公司而言，這一比例僅為 1%。此外，大型企業還往往具有強大的研發能力，特別是研究能力，這對快速跟進也是大有幫助。

不過，就算是實力相對薄弱的小型企業，也能採用快速跟進的模仿策略，辦法是利用時間壓縮法，例如，調用與早期先行者合作過的供應商資源，採取技術轉移，實施跨越式發展等。另外，小型企業還可充分發揮市場監督的作用，矯正繁忙不休的第一名的錯誤，最終實現後來居上。

最後，所有快速跟進的第二名，無論規模大小，都應牢記：模仿速度的提高會導致成本的增加。因此，快速跟進者在看到模仿效益的同時，還必須權衡額外支出以及當後來模仿者進入市場、採取價格競爭時的風險。

2. 繼往開來者

繼往開來者屬於後來居上者，因為種種障礙而不得不採取袖手旁觀的權宜之計，這些障礙包括：法律法規限制嚴格，實施有效模仿時遇到技術困難，企業存在內部阻力，市場由多家強勢公司主導，等等。有時，後來者還會韜光養晦，故意等到時機成熟之後，方才決定進軍市場，例如在消費者信心更足時或者新產品接受程度更高時。其實，晚點兒進入市場也有好處，如果消費者對產品品質沒有把握，這時模仿者就完全可以採取較低的定價。不過，如果後來者能夠在品質、價格、外觀、用戶界面等方面體現差異，那可是錦上添花了，且不說其他好處，這樣做首先可以直接遏制價格戰的爆發，從而避免因此帶來的災難性後果。

　　在有些情況下，差異化是必須強制執行的法律要求，例如後期仿製藥，一般只有在證明具有獨特療效後，才會獲得批准。不過，一般而言，差異化也屬於戰略性選擇。較強的行銷能力、新穎的產品設計和產品功能，以及對產品和用戶的重視都是支持繼往開來策略的有利條件，有時甚至是壯大規模、提高市場佔有率的王牌法寶。

　　大多數新產品在進入市場後，都要經歷增長緩慢的初始階段，然後是起飛階段和成熟階段，最後是衰退階段。新產品的成本優勢是從成熟階段開始漸漸喪失的，一般發生在先行者進入市場 6 年之後。在這樣的生命週期中，後來的模仿者才有充足的時間全面掌握用戶的產品需求和服務需求，深入瞭解商業模式的內在基礎，例如西南航空對人民快運的透徹分析。

　　透過發揮品質、聲望、設計或地理範圍等重要優勢，後來者可以直接跨越創新者和早期模仿者，奪取他們來之不易的各種優勢，讓他們的領導地位化為不利條件和沉沒成本甘。例如，沃爾瑪當時就曾利用其雄厚的金融資源和信息資源，與其他競爭對手的倉儲會員店一決高下，而這些競爭對手也在模仿素爾‧普萊斯的經營妙方。三星等韓國晶片製造商憑藉其豐富的製造經驗，在建設半導體製造廠時只用了一半的時間，因而直接超越了先行者，壓縮了模仿時間。

　　繼往開來這一策略不需要較強的審視能力和觀察能力，因為從模仿活動正式開始之時，產品、服務或創意就已經暴露在外。不過，這一策略涉及了延時模仿，因此需要較強的聯繫實際的能力和深度發掘的能力。企業在模仿時，需要深入瞭解產品(或技術或商業模式)、用途及目標市場，同時必須密切監視並認真分析後來者與創新者之

間形成的差異。

除此之外，企業還必須充分發揮互補性優勢，例如原產國優勢。另外，這一策略還需要較強的貫徹執行能力，因為模仿者在進軍市場時，不僅要面臨先行者和創新者，往往還要面臨其他的模仿者。迪士尼成功地實現了後來居上，不僅因為它把自己定位為優質產品提供者，更是因為它有意願並且有能力把各種資源投入到模仿中來。相比之下，航空業的老牌公司在資源投入上略顯小氣，同時也沒能充分利用品牌聲譽、行業專長等互補性資產。

3. 異地推廣者

異地推廣者是指第一個進入其他地區或其他產品市場的後來者。異地推廣充分利用了不同市場的不對稱性，因而從本質上講屬於套利策略。里安航空和易捷航空在歐洲採用了異地推廣策略，亞洲航空也在亞洲採用了相同的策略，即將航空業務快速擴張到發展前景較好的機場，同時遏制下一輪模仿者進攻。

美國亨氏食品公司不僅實現了異地推廣，反過來還把先行者趕出了大本營。起初，亨氏食品公司在湯品領域是遠遠落後的第二名，絲毫未能撼動金寶湯公司(Campbell Soup Company)在美國市場的統治地位。後來，亨氏公司率先進軍英國市場，在英國建立起與金寶湯在美國旗鼓相當的領導地位。金寶湯公司最早於 1897 年發明了湯濃縮技術，如今，為了不在市場上消失，金寶湯反而要向各大品牌超市求助。

只要其他模仿者沒有取而代之的打算，只要原創者放棄擴張戰略，那麼異地推廣者盡可以從容不迫。由於西南航空只以美國本土

為市場，沒有實行海外擴張，因此，加拿大、歐洲、亞洲的模仿者才有可能不慌不忙地在各自的市場中施展拳腳。奔馬巴士採用西南航空的經營模式時，距離西南航空的成功已有數十載光陰。

法律對商業模式的保護力度相對薄弱，從而有助於商業模式的異地推廣，然而有意思的是，法規對跨州競爭或跨國競爭的強力限制，也對商業模式的異地推廣有一定的促進作用。美國五三銀行離任董事長唐‧沙克爾福德解釋說，由於美國對州際銀行業務的嚴格限制，銀行家絲毫不會介意與其他市場的同行相互交流各自的想法。因此，潛在模仿者完全可從非競爭對手中尋找模仿目標，如此一來，相互之間便更能夠坦誠相見。

最後，如果異地推廣需要跨越國界或行業界限，那麼必須全面深入地瞭解兩國環境或兩個行業的環境，同時還要具備聯繫實際和解決對應問題的能力。即便是經驗豐富的跨國公司，一旦超出了本土，進展順利者也是寥寥無幾，因此，模仿者有必要全力培養自己的國際經營能力，或者與著名商家建立搭售關係。但無論如何，都必須對兩地環境進行全面深入的對比。

在西南航空的例子中，我們至少可以看出，異地推廣往往風險有限、回報豐厚，似乎是前途光明的模仿策略。不過請讀者謹記，異地推廣所面臨的對應障礙比快速跟進和繼往開來要大得多，千萬不要指望不同環境碰巧一致(偶然對應)而不用認真分析，不用確定是否對應，也不用設法實現對應。

模仿管道

目前，很多管道都對模仿事業有促進作用。下面將逐一介紹這些管道。雖然不同管道本質不同，但作用都是向模仿者傳播知識，而且範圍都在擴大，這樣為模仿者提供的機會就越來越多。

1. 當心合作夥伴

一個公司如果不能順利實現知識編碼化，不能輕而易舉地將知識據為已有，就只能依賴別人，取長補短。最近幾十年，結盟合夥急劇增長，被吹捧為最有效的學習手段，特別是消化吸收隱性知識的有效手段。對於合資經營企業來說，情況尤其如此，因為它們允許共同工作，專家和經理雙方很長時間都是共事一處，他們齊心協力，共同監管公司，共同解決難題。

然而正是這一優勢也令知識擁有者毫無防備、不堪一擊。戰略聯盟合作夥伴雖然目前不是競爭對手，但不是沒有可能成為競爭對手，不是沒有可能將知識轉移給正在對產品、服務或商業模式進行模仿的第三者。縱然有些顧問聲稱，只要不結盟，就能防止技術洩密，但不幸的是，這一招數並非始終切實可行。即便各家公司正式承諾同台競技，然而政府的各種鼓勵政策，往往成為支持戰略聯盟

的決定性力量，況且全球商務日趨複雜，不可能永遠把合作者擋在門外。

2. 帶著知識離開

　　模仿者曾經嘗試破解造紙術，但歷經幾個世紀都沒有成功。西元 751 年，在一場戰鬥中，一隻阿拉伯軍隊打敗了中國人，這時造紙術才得以傳出中國。當時，戰勝方得知造紙人員就在戰俘中後，立即將他們帶到撒馬爾罕，在那裏建立了一座造紙廠。19 世紀末，日本明治天皇從 23 個國家僱用了 2400 個人，用這種方式進行模仿學習，從而建立稱心如意的組織模式。一個世紀後，韓國人從美國回國，隨身帶走大量技術，造就了後來的三星和 LG，今天，它們的實力可與美國半導體製造商較量一番。

　　在美國，人員更替水準非常高，而且還在持續上升。1983 年，管理人員和專業技術人員的平均在職年限為 4.8 年；從 1983 年到 1998 年，工程技術人員的平均在職年限下降了 16%。雖然法律規定了競業禁止條款，但很多有關人員還是帶走了關鍵技術，重新開辦公司，與其競秀爭先，或者直接加盟對手公司，這樣的例子比比皆是。佈雷工作室(Bray)是一家早期動畫工作室，後來動畫工作人員紛紛離去創辦自己的工作室，或者加盟競爭對手，佈雷工作室便鋒芒盡失。美國飛兆半導體公司(Fairchild)曾眼睜睜地看著自己最優秀的三位科學家離開公司，組建了英代爾公司，同樣，美國伊利諾伊大學國家超級計算應用中心的馬克·安德森離開單位與夥伴共同創建了網景通訊公司。

　　雖然戰略學者宣稱，錯綜複雜而撲朔迷離的隱性知識藏身於不

可轉移的「亂作一團」的例行公事和常規慣例中，但人員更替確實促進了知識轉移，因而也推動了模仿行為。有證據表明，即使單單一名員工，也有能力轉移錯綜複雜的先進技能。例如，凡是成功發明實用鐳射器的團隊，都至少有一人是來自首度開發並運用鐳射器的實驗室。另外，若整個團隊都被挖走或招募走，那麼隱性信息即使亂作一團也不能避免知識流失的厄運。而如今，集體挖人現象在金融領域和技術領域也越來越普遍。例如，蘋果和雅虎，它們近年來吸納了不少摩托羅拉公司的整個團隊，害得摩托羅拉退出了這兩個公司感興趣的業務。

3. 模仿集群的興起

工業集群(industrial clusters)思想在哈佛商學院教授邁克爾·波特的推廣下早已眾所週知，他認為工業企業及配套行業的集中發展有利於形成競爭優勢。集群思想備受讚揚，因為集群力量強大，可以提供基礎設施、知識和學術交流，有助於孵化新思想，為創新創造了條件。例子有美國矽谷和波士頓 128 號公路、英國劍橋以及以色列赫茲利亞沿海一帶。

同樣道理，模仿集群也是由距離非常相近的大量行業競爭對手組成，與創新集群不同，模仿集群並非形成於一流研究型大學週邊，而是技校和應用型研究中心的週圍。很多模仿集群都是在產業族群中組織形成的，例如手機和絃樂器。

雖然創新集群思想已經根深蒂固，但模仿集群的出現，大體來說，並未引起人們注意。正如創新集群好處多多，模仿集群也有頗多優點，諸如節約研究成本、提供研究便利、獲得知識互補、降低

產品成本、實現規模經濟，凡此種種，不一而足。各個公司在互相觀察中彼此學習，受益匪淺，同行壓力及競爭較量又促進了信息分享，業績不佳的公司就會淘汰出局。與創新者相比，規模優勢對模仿者來說更具意義，因為模仿者依賴的編碼系統很容易倍增擴大，因而能快速提高產能，進而獲得規模效益。

　　企業如果採取價格競爭策略，就必須具備快速回擊能力，以儆效尤，這時價格壓力的重要性不言而喻，因為它能迫使有關企業提高生產率，從而壓低成本。例如中國廣東省的服裝產業集群，因為有紡織品生產商和染料製造商就近集結而獲益匪淺，在這種模式下，一旦有人盯上別人的款式設計，就能快速「借鑑」，大加複製。

心得欄

模仿防禦每況愈下

　　各個組織機構，但凡具有價值不菲的自主知識產權，都早已經制定各種方法措施，保護自己不被別人模仿。但隨著時間的推移，這些防禦措施因為種種原因而被弱化了。接下來，我們將探視一番這些因素，看看先行者和創新者對追隨者的防範能力是如何弱化消失的。

◎品牌之盾並非無懈可擊

　　品牌資產一時之下，竟蔚然成風，但品牌也並非如我們想像的那樣，可以對模仿形成萬無一失的阻礙。新力公司的經理可以告訴你，品牌有時候也會黯然失色，在汽車領域，品牌的作用曾一度呈下降趨勢。眼下，越來越多的顧客注重實惠，因此他們愛拿品牌產品和非品牌產品比較。不管其他方面，首先，品牌是可以收購的，而且例證豐富，從施耐德到通用和 RCA 電視，再到 Thinkpad，它們或者被收購，或者在收購後被特許使用。

　　同樣，製藥企業的品牌無論如何響亮，也經受不住仿製藥的猛

烈攻擊。增長速度最快的藥物就是非品牌仿製藥，截至 2005 年，這類藥物佔據了美國已知處方藥的半壁江山，而 6 年前，這一比例只有 1/3；品牌藥恰恰成了大輸家，儘管品牌仿製藥也有略微下降的趨勢。

　　同時，仿製藥生產商也走出了原封不動、直接照搬的模仿路子，它們已經開始對原始配方修修改改，令其煥然一新。甚至有些製藥企業，例如以色列梯瓦製藥公司，開始利用仿製藥的利潤所得進軍創新藥領域；當然，也有一些品牌藥商，例如瑞士山德士製藥公司，進軍了仿製藥領域。仿製藥生產商同時還將業務擴張到所謂的生物仿製藥，即模仿較新的生物技術藥物。在很多其他類別的產品和服務中，非品牌類替代產品如雨後春筍般蓬勃發展，甚至在經濟衰退階段，如 2008～2009 年，這些產品反而也在增加。

　　品牌的衰退之勢還可在自有品牌產品的勃然興起中可見一斑。美國尼爾森市場研究公司(AC Nielsen)在報告中說，2007 年到 2008 年間，自有品牌產品銷量增長 10%，而品牌產品只增長了 2.8%。在美國，商店品牌佔了超市銷售額的 22%，在某些產品類別中，這一比例甚至高達 1/3。

　　自有品牌產品仍然還有很大的增長空間，特別是在亞洲的一些市場，品牌忠誠度是出了名的低，不過就算是在發達國家的市場中，手頭吃緊的顧客也越來越願意放棄知名品牌帶來的安全與舒適。很多自有品牌的產品反而是由品牌生產商製造的。在美國，在塗料行業，不為自有品牌市場生產產品的公司只有一家，那就是本傑明摩爾塗料公司(Benjamin Moore)。然而總體來看，大多數自有品牌

商品都是由模仿者生產的,它們想借此來讓自己的商品趕快上架,同時不用投入太多的時間和金錢培育知名度、建立產品供應鏈、提供產品分銷、售後服務和技術支援。

心得欄

7

法律保護日漸式微

　　專利保護一般會增加模仿成本，延長模仿時間，不過增長不是很大。在一項經常被人引用的研究中，模仿成本增加從電子行業的7％到化學行業的 20％、製藥行業的 30％不等。模仿時間延遲一般介於 6％～11％之間；在研究案例中，時間延遲超過 4 年的只佔了15％。就算一開始，一件產品或一項技術可以取得專利，但其他公司還是有可能針對有關專利權提出仿製申請，或者設法規避有關專利（「擦邊發明」）。另外，專利註冊費用也是高得令人望而卻步，全球範圍內的專利申請更是如此（《專利合作條約》），如若不然，專利保護的執行力度就會大打折扣。

　　模仿者可以合法地模仿產品或技術，對其加以改進，並以換湯不換藥的另一形式申請專利，相比之下，專利持有人卻很難涉足相關產品。很多國家，專利和商標的授予一般依據申請在先的原則，而不是發明在先的原則，這為模仿提供了法律保護。不僅如此，在很多情況下，法庭判決往往偏袒國內企業。例如，中國法官曾駁回美國輝瑞公司就偉哥藥物主要成分在中國的專利申請，法院宣判依據是中國國內一家競爭公司註冊在先。有的時候，在多個國家申請

專利反而達不到預期效果；有一項專門針對日本在華直接投資的研究，得出的結論是，專利註冊和商標註冊實際上是把產品信息透露給競爭對手，反而有利於他人模仿。

另外，知識產權還遭遇到了從新興市場政府到非政府組織，再到諾貝爾獎得主約瑟夫‧斯蒂格利茨(Joseph Stiglitz)等風雲人物的聯合攻擊。在發展中國家，很多政府都曾單方面擅自侵犯某些處方藥的專利權，例如實行強制許可和「准許使用」。很多法庭判決實際上已經削弱了等同原則的有效性，因為在該原則下，專利持有人享有的法律保護可不僅僅局限於專利權利要求的字面範圍。這樣的法庭判決其實促進了擦邊發明。

反壟斷法在這一方面也是功不可沒：沒有美國政府強行要求公司共用其技術，施樂影印機(Xerox)就不會招來不計其數的模仿者。有些東西法律是保護不了的，例如，除非透過「禁止盜版設計法」，否則美國現行法律是不對設計方案進行保護的，但如果這裏存在引申含義，即消費者認為該設計是品牌的標誌，就另當別論了。

另外，美國最高法院也在考慮取消對商業方法的專利保護，這一舉措應該會讓商業方法暴露無遺，給更多的模仿者創造機會。2008 年 6 月，美國最高法院駁回韓國電子產品製造商 LG 公司提起的訴訟，因為英代爾之前已經向台灣一家公司授予了專利使用權，這就進一步限制了涉及第三方情況下專利權的保護範圍。如果該項議會法案透過，將會方便孤兒作品(所有權人無法確定)的使用。所有這些新近事態都在日益削弱法律保護的威力，更何況目前法律保護還沒有介入到肆無忌憚的侵權行為，要知道侵權行為在世界很多

地方都可以看到，而且現在，出口市場也是有跡可尋。

心得欄＿＿＿＿＿＿＿＿＿＿＿＿＿＿＿＿＿＿＿

＿＿＿＿＿＿＿＿＿＿＿＿＿＿＿＿＿＿＿＿＿＿＿

＿＿＿＿＿＿＿＿＿＿＿＿＿＿＿＿＿＿＿＿＿＿＿

＿＿＿＿＿＿＿＿＿＿＿＿＿＿＿＿＿＿＿＿＿＿＿

＿＿＿＿＿＿＿＿＿＿＿＿＿＿＿＿＿＿＿＿＿＿＿

＿＿＿＿＿＿＿＿＿＿＿＿＿＿＿＿＿＿＿＿＿＿＿

8

成功秘訣

　　有些模仿者比另外一些模仿者成功，原因何在？成功與失敗之間似乎存在著一些決定性的因素。

　　失敗者並沒有打開黑匣子，破解原始模型獲得成功的原因。失敗者只是單純地將原型大加簡化，希望模仿也能產生相同的效果，但他們沒能把握模型的複雜之處，沒有弄清影響模型效果的權變因素，例如內在能力。結果，很多模仿者不過是重蹈了弗萊謝爾動畫工作室(Fleischer)的覆轍。當年，弗萊謝爾曾一度引領動畫行業。可是後來，不幸落在了後起之秀迪士尼的身後，於是又設法模仿迪士尼，但弗萊謝爾缺乏有效運用新型彩色技術的能力。另外，迪士尼採取「甜蜜的現實主義，這與弗萊謝爾動畫工作室格格不入」。另一批失敗者以天空巴士和電路城為代表，它們嘗試用「理性購物者」的方法，將多個模型大加混合，但沒能解決不同模型之間的矛盾衝突。

　　總而言之，失敗的模仿者並沒有進行真正的模仿，特別是沒有解決對應問題，甚至連對應問題都沒有涉及。因此，他們根本製造不出行之有效的複製品，更不用說像明治時代的改革者一樣，活學

活用，以適應千變萬化的實際情況了。

　　相形之下，成功的模仿者在很大程度上解決了對應問題。以里安航空、瓦盧傑航空和達樂公司為代表的模仿者在原始模型的基礎上進行拓展運用，不但與內在的編碼原則不相衝突，而且更是有所超越。而以捷藍航空、塔吉特百貨、百思買集團為代表的模仿者不但模仿了模型中的關鍵要素，而且還在其他方面創造差異，實現不同，特別是創造了優質付費服務這一理念。

　　其實，最成功的似乎莫過於異地推廣者，他們將模型移植到其他環境。這類模仿者的行為有點套利的性質，一方面他們在新的領地充當先行者，佔盡優勢，另一方面又透過模仿經實踐證明切實可行的東西，降低了風險——而在新的環境中，基礎條件往往大體相當，甚至更勝一籌。在這一點上，用百事可樂前高級副總裁兼財務主管萊昂內爾‧諾埃爾的話說，異地推廣者屬於模仿者，「因為所要模仿的在其他地方已經取得了成功，你只不過照搬現成，加以模仿罷了」。同時，異地推廣者也是創新者，這與希歐多爾‧萊維特的定義是一致的，他認為創新事物不僅是指填補前人空白的東西，而且也指填補某一行業或某一市場的東西。

　　最後一點，很明顯，我們模仿的模型本身大都是出神入化的模仿者。他們模仿別人，但又有所選擇，同時還解決了對應問題，特別是在關鍵戰略交點處。當人民快運由於麻痹大意致使信息系統嚴重落後時，西南航空在模仿時對其進行矯正。當沃爾瑪借鑑開創者的有利因素時，同時也在改善自己的供應鏈，並快速擴大規模，從而最大限度發揮這些有利要素的價值。同樣，蘋果公司一方面汲取

失敗教訓(如捷威公司的零售店)，另一方面也借鑑成功經驗(如 IBM 的個人電腦)，進而形成組合能力，並大加發揮。

　　同時，這些模型公司又具有創新能力，當然，它們還將保持創新能力。總之，我們的模型是創新型模仿者。

心得欄 --

第 *8* 章

模仿戰略的工作流程

　　模仿過程不應過於呆板。模仿需要有條有理，更需要融入創意，同時還要看到模仿過程緊張激烈、兼收並蓄和循序漸進的特點。

　　先讓公司做好模仿準備，參考借鑑的學習目標，要考慮實際環境，貫徹執行，實現模仿。

1

先讓公司做好模仿準備

　　凡是想在模仿策略中獲勝的公司，都必須培養甚至於精通這些能力。雖然不同的能力掌握起來有不同的方法，但各項能力是密不可分、互為基礎的。

- 前期準備：建立一種特殊的企業文化和思維方式，即不但要從心裏接受模仿，還要重視模仿、鼓勵模仿，就像重視創新和鼓勵創新一樣。
- 參考借鑑：識別並確定具有潛在價值的模型。
- 尋找、觀察、選擇：尋找、觀察、選擇值得模仿的產品、技術、服務、慣例、創意和商業模式。
- 聯繫實際：識別有關的環境因素，模型和模仿者與各自的環境密不可分。
- 深度發掘：在簡單相關分析的基礎上進行深度研究，把握錯綜複雜的因果關係。
- 貫徹執行：在執行層面快速而高效地吸收、融合並運用模仿要素。

　　無論是學者還是公司人員，都在設法不遺餘力地防止別人前來

模仿,然而卻很少有公司會平心靜氣地想一想,阻止自己去模仿別人的障礙又是什麼。當然,這些障礙各種各樣,例如得意自滿、眼界狹隘、以偏概全、存在既得利益、不思進取、安於老套,有成就但又孤高自傲。希歐多爾·萊維特曾寫道,可攜式電器領域的競爭對手曾用懷疑的目光看待新推出的電動牙刷。即使這些競爭公司為了確定是否有必要推出自己的電動牙刷而對用戶和潛在顧客展開過調查,但它們在行事過程中,無不透露出滿腹狐疑、不屑一顧、漫不經心的態度,其工作重點仍然是那些「自主創新項目」。

這一思維定勢可謂根深蒂固,對於創新者而言,更是到了積習難改的地步。研究表明,但凡公司具有豐富的技術經驗、高效的研發部門和新技術產品爭先上市的光榮傳統,「就很難僅僅滿足於生產仿製產品」。

寶潔公司前副董事長兼首席財務官小克萊頓·達利說:「認為自己發明的才是最好的,這是人的天性。」為了抑制這種思想傾向,達利又說,寶潔公司逐步讓員工「認識到並非每一個創意都是由寶潔的研發人員或銷售人員發明的」。達利表示,這需要徹底改變員工的思維模式。很多經理都一致認為,模仿一詞的負面含義是眾多創意實現商業化的最大障礙。

但這並不是說要放棄個人決斷,而是說要學會謙虛,不要隨隨便便就將別處的信息和意見過濾掉。巴特爾紀念研究所所長兼首席執行官卡爾·科特將「狂妄自大」這一惡行列為成功模仿的主要障礙。

看看正在模仿自己的競爭對手不難發現,保持謙虛也是妥善之

策：逐步改進往往受人冷落，因為它「不過是模仿而已」。凱斯博公司曾對佳能(Canon)的優秀要素不屑一顧，但後來凱斯博發現，這種驕傲自負有時候反而會造成不利後果。據諾埃爾說，要想讓模仿結果稱心如意，就必須「靈活機動、思想開放、樂於改變」；而在限量服飾公司董事長兼首席執行官韋克斯納看來，好奇心才是最重要的。

說到創新，這些同樣的特點往往顯而易見，這也不是什麼巧合。然而，就模仿而言，還有一個障礙需要克服，即模仿行為所背負的惡名。在 17 世紀，日本槍支擁有量比世界任何一個國家都多，然而這項重要技術卻消失了，因為槍支不僅讓人聯想到地位低下的外國人，還會有損武士階層對劍的情有獨鐘。

很多公司也面臨著同樣的尷尬處境，問題的部份原因在於獎勵制度，當然，問題的解決也要從獎勵制度開始。萊維特提到：「喝彩、贊許、晉升統統歸於創新能力強的人」，而「提出模仿計劃的人被認為是低人一等，不值一提」。誰見過頒發模仿大獎的總裁？誰在公司創新人物榮譽榜的旁邊看到過「年度模仿人物」的大照？然而，韋克斯納卻說，模仿也需要「慶賀」。這種說法與某些心理模型是一致的，因為這些心理模型認為「感應式行為」取決於對模型行為的強化或抑制，在本質上屬於真正的模仿。

要想充分發掘眾多創意的商業潛力，第一步就是要像宣威和寶潔一樣，建立以效果為導向的建言制度。寶潔前副董事長兼首席財務官小克萊頓·達利說：「如果你有幸負責研發審查工作，不妨問問研發人員他們都從外面帶來了那些創意，然後鼓勵道：『好極了』，

那麼你的目標就達到了。」寶潔前首席技術官克洛伊德補充道，採
用金錢方式論功行賞，會讓公司在獎勵創新人員與模仿人員時可以
一視同仁，而且維克多米爾斯協會(Victor Mills Society)的入會
規則也是如此，雖然協會本身是以寶潔公司最偉大的創新者命名
的。

心得欄 _____

_____
_____
_____
_____
_____

參考借鑑的學習目錄

在學術界，學者依據模仿目標界定了三類模仿取向。第一類是以頻率為導向的模仿，即模仿某一特定群體中最普遍的行為，通常是業內同行的行為；第二類是以特徵為導向的模仿，即模仿與本公司行為最相似的其他公司的行為，例如模仿那些具有相同規模或相同市場空間的公司的行為；第三類是以效果為導向的模仿，即模仿可能產生良好效果的行為。

這三類模仿取向之間並非格格不入。例如，假使挑選的模型是行業佼佼者，那麼醫院、酒店、投資銀行等令人起敬的單位也會採取模仿行為。無論是擁有國際名望或國內名望，還是加盟企業集團，都會增加被別人模仿的幾率。

之所以選擇規模龐大、聲望顯赫、成就卓著的企業作為模仿對象，原因不僅僅在於它們認為追隨這些企業可以帶來更好的結果，而且還在於這也是獲得正統認可的手段之一，因為在一切都變幻莫測的時代，正統認可顯得尤為重要。

這三類同態現象往往並作一股，形成強大的模仿動力。這裏有一個很恰當的例子：19 世紀歐洲國家採納了俾斯麥推行的保險計劃。

由於各國看到了俾斯麥的成功，加上俾斯麥這位創新者的地位和認可度，並且保險計劃很快成為後來者的標準，因此歐洲國家自然會對其進行模仿。

1. 用全面尋找代替局部尋找

以特徵為導向的模仿行為，其背後的出發點是，目標公司與本公司具有一定的關聯。這些目標公司往往是其他公司的參考基準，是管理業績主要衡量依據，因此，免不了要成為其他公司的模仿對象。生物學家提醒大家注意，模仿最相似或最權威的模型並不見得就是最高明的策略，因為社會地位和溝通能力等特徵與生物適應性並無必然聯繫，生物體一旦以相近物種為模仿重點，就會喪失機會模仿其他關係密切但並非了然可見的物種。

在商業中，標杆學習則將企業的注意力引向了模型公司較為明顯但並不重要的元素，其代價便是缺乏對模仿動力的深刻認識。這也在一定程度上造成了這樣一種趨勢：以局部尋找為主，忽略了全面尋找，即把注意力集中於相同行業、相同產品、相同地域、相同環境中的其他公司。「遙遠時代、遙遠地點發生的遙遠失敗」反而無人重視。

很多公司喜歡關注近期事件，認為這些才是最相關的，銀行、酒店、醫院、療養所莫不如此。局部尋找更能激發靈感，因為模型與模仿者之間有著共同的環境，對模型的調整與變動似乎也相對較小。另外，局部尋找往往還具有較高的正統認可度，因為它們與同類公司的尋找模式大致相當。然而，局部尋找卻暗藏了致命危機，因為很多創新成果遠非來自本行業、本國或本地區。

2. 辨別非常規目標

美國限量服飾公司曾於 20 世紀 70 年代借鑑了航空票務系統的信用卡處理技術；如今，限量服飾公司也在從雅詩蘭黛(Estee Lauder)、寶潔等公司汲取各種創意。而寶潔公司為了弄清虛擬計算模型，曾對汽車與飛機製造業進行了專門的研究。俄亥俄藝術公司採用了汽車行業的材料和新產品創意。諾埃爾公司曾詢問聯邦快遞公司，以期在配送業務方面指點自己的物流系統。卡地納健康董事長兼首席執行官克裏・克拉克回顧道，自己曾向食品經銷商學習點子，希望能夠運用在藥材供應上。

這一做法日趨普遍：酒店是模仿航空公司的顧客積分計劃，銀行是採用製造業的標準化平台，醫院是借鑑航空、鐵路及美國海軍的安全策略。世界衛生組織是吸取航空工業的經驗教訓，制定指導方針，降低疾病傳染。

西南航空過去一直被認為是「古裏古怪的區域性航空公司」，直到 20 年後取代美國航空公司，入主聖何塞中心機場，方才以競爭對手的身份現身於雷達螢幕上，這時的西南航空早已羽翼豐滿、實力雄厚，完全可以應對老牌航空公司和新創折扣航空公司的競爭。沃爾瑪也是如此，最開始的時候，凱馬特的創始人不願意與沃爾瑪分享知識，對這位來自阿肯色州本頓維爾的農民小老闆未予足夠重視。

今天看似不起眼的公司也許就是明天的勝利者，而今天神氣活現的公司也許明天會令人大跌眼鏡。

然而，失敗卻給人提供了一次絕佳的學習體驗。失敗不僅教人

謙虛謹慎，還能向人昭示事物的前因後果，而在真正的模仿中，弄清模型的因果關係是至關重要的一個環節。

「(重新擔任蘋果總裁之職)10 年來，我只聘請過一次顧問，」史蒂夫‧約伯斯說，「目的是分析捷威公司的零售戰略，免得自己重蹈捷威(建立零售店時)犯下的某些過失。」當然，我們也不可能對失敗的公司進行調查研究，因為它們早已退出舞台，不過我們仍然可以利用公開信息進行「商業剖檢」，也可以與以前的經理交談，獲取當時禁止洩露的機密信息。

在失敗邊緣徘徊是極其重要的經歷，因為公司無論如何還是存活了下來，況且失敗的創傷一定會刻骨銘心，終生不忘。參考借鑑失敗案例對於成功企業而言尤其重要，因為企業一旦成功，往往會削弱尋找新模型的動力，同時也容易形成單一、僵化和過於簡單的思維模式。

參考借鑑創新型企業和參考借鑑模仿型企業一樣重要。我們應研究創新者，因為創新者能讓我們成為快速跟進的第二先行者或差異化的後來者。同時，我們還應參考借鑑模仿者，學習他們的經驗，看看他們是如何克服模仿障礙、勇往直前的。

韓國半導體生產商以日本企業為模仿目標，而日本企業以前又參考借鑑了美國企業。三星總裁李秉哲以東芝為學習目標，因為東芝「用實際行動證明：如果產品具有明確的細分定位，如果生產技術獲得大力投資，那麼後來者也是有可能獲得成功的」。

尋找、觀察、選擇

　　徹底調查並充分審視發明創造的具體環境是獲取商業成功的前提條件。寶潔公司擁有 9000 名研發骨幹，在開放式創新網路的幫助下，平均每年可利用 150 萬人的思想創意；另外還有 50 名專員，他們突破本職工作，以技術企業家的身份，活動在各類科技會議上和供應商網路之間，積極尋找各種各樣的創意。

　　優秀的模仿者不會坐等別人指點迷津，他們的成功也不是鴻運當頭、事出偶然。研究表明，優秀的模仿者知道，情報工作充分與否在很大程度上決定了模仿的成敗。他們建立了尋找模型的管道，包括以關係為基礎的聚會場所。他們形成了充分的審視能力和信息收集能力，就像白色城堡的模仿者一樣，當年他們曾把店面設計和運營流程等各個方面全盤抄錄而去。

　　優秀的模仿者總是如饑似渴地向模型學習。山姆· 沃爾頓在 1962 年創立沃爾瑪之前，曾專門拜訪過科維特公司及其他折扣商店，並與折扣連鎖店經理會面交談，包括斯巴達百貨公司、馬潔爾百貨公司、默斯馬特公司的領導。

　　沃爾頓帶著答錄機，出現在索爾· 普萊斯(Sol Price)的費德瑪

商場(Fed-Mart)，如實記錄了所見所聞。幾年後，沃爾頓又訪遍了所有的凱馬特門店，向名震當時的模範榜樣學習。沃爾頓說:「我經常前往他們的門店，因為這裏就是實驗室,而且他們比我們做得好。」「我花了相當長的時間在他們的門店中轉來轉去，同他們的工作人員搭話交談，看看他們做事到底有什麼秘訣。」

　　2002 年，韓國易買得集團副總裁鄭溶鎮帶領商人和買家進行環球旅行。他們特意花了兩天時間專門調查本頓維爾的沃爾瑪店，記錄了農產品補給週期等詳細資料。易買得以理性購物者的姿態，從美國、日本、歐洲等地精選模仿要素，最終成為一家具有韓國特色的折扣零售商。

　　在實施模仿策略時，如果模型公司非常出名，並且數量有限，那麼這時最容易進行系統性尋找。例如，全球仿製藥領導者以色列梯瓦製藥公司建立了律師隊伍，這支隊伍有 135 人組成，專門負責尋找專利漏洞，為仿製藥生產製造機會。有效的模仿者總能建立收集制度和傳播制度，進而從忠實可靠的重覆行為中獲得好處，不過在機床、飛機機身等行業，這一過程漫長而艱辛，因為這類產品在設計時結構複雜、週期漫長、價格昂貴。不過，這樣做卻是值得的:視覺研究人員發現，有的時候，光是觀察本身就足以引發模仿行為，倘若觀察到的內容能夠再現並落實，就能極大地降低複製誤差，同時降低信息的傳播成本和吸收成本，在技術轉移中，傳播和吸收佔了 20%的成本。

　　由於外部人員一般不大可能瞭解模型公司，不好把握模仿機遇，於是，人們很容易把心思轉移到模型公司的內部成員上，以此作為

獲取信息的主要來源。然而，依靠知情人士透露信息也自有其風險，高級主管也許會將模型理想化，即遠遠脫離實際情況。我們必須像山姆·沃爾頓一樣，同基層工作人員交流，我們還必須設法獲取其他資料，從而與知情人士透露的信息逐一對比，找出異同。倘若信息洩露給其他潛在的模仿者，公司就要面臨戰略風險，因此有必要將情報收集工作委託給值得信賴的員工。最後，即便我們正在進行系統性尋找，也要保持創業精神。限量服飾公司董事長兼首席執行官萊斯利·韋克斯納每年要花一個月的時間週遊世界各地，只要遇到能夠實際運用的東西，他都會拍照片、做筆記。

　　所謂觀察是指在茫茫商海中，找出並選擇最有前景的模仿目標的能力。要想進行有效的觀察，就必須實施動態類比，看發出系統的潛力因素如何才能適應接受系統，同時，觀察人員還要時刻牢記公司的願景，特別是要保持好奇心。

　　卡地納健康集團董事長兼首席執行官克拉克說，觀察人員需要具備一定的技術悟性，這樣才能從天差地別的模型中發掘暗藏的機遇。倒序設計在於復原模型的產品生產流程或服務組織流程，同樣道理，未來設計需要具備前瞻能力，能夠預知模仿成果對現有或未來產品、技術或模型的適應程度。

　　很多員工由於見識有限，即使其他行業存在潛在的模仿目標，也往往視而不見。因此，進行跨行業模仿時，未來設計更是充滿了挑戰，然而一旦成功，利潤回報也是大為可觀。例如，宣威公司為了在配色方案和配色風格上找點感覺，曾專門到布料業和服裝業取法，同時還研究了拉爾夫·勞倫和瑪莎·斯圖爾特這兩位時裝設計

師。

　　美國卡地納健康集團與比利時麗詩加邦服裝公司開展員工交換，便於雙方互相借鑑值得效仿的行事方法。同樣，寶潔公司也與穀歌公司互派員工，寶潔學習穀歌的網路世界，而谷歌又向寶潔學習如何做出產品特色，以招引顧客。

心得欄 _____

_____

_____

_____

_____

_____

聯繫實際：實施模仿要考慮實際環境

　　所謂聯繫實際是指不把模仿機遇看成簡單而孤立的元素，而是看成複雜系統中相互關聯而密不可分的組成部份，因為該複雜系統是這些元素賴以存在的基礎，對這些元素的形式和結果起著決定性的作用。卡拉羅公司副總裁弗裏恩德斯談到，「不瞭解產品或服務的來龍去脈，就貿然實施模仿，是註定要失敗的」，因為模型環境與模仿者環境往往存在著某些懸殊的差異，而上述模仿卻沒有考慮到對模型要素進行必要的調整。聯繫實際的情況見於歷史上不同國家對文字系統的借鑑和改良，例如，因為缺乏相應的音節，有些字母只好捨棄不用，以適應實際情況；聯繫實際還見於日本和印度對英國郵政系統的模仿，兩國均捨棄了有違本國社會秩序的做法，例如委派女性擔任郵政分局局長之職。

　　模仿必須注意環境差異。國家無線電廣播網未能成功模仿地方廣播電台，原因之一在於地方節目主要依賴於地方信息，而這恰恰是國家廣播網力所不及的。天空巴士前總裁迪芬德弗說，天空巴士的贊助人並不知道美國市場不如歐洲市場密集，他們也不知道俄亥俄州哥倫布市等中西部小城市的乘客不像紐約乘客那樣出手闊綽，

願意花大價錢來享受捷藍航空般的優質服務。

　　在這些事例中，對具體環境不加考慮是模仿失敗的主要原因。可是，即便是成功的模仿者，有時也會忽略這一點。例如，沃爾瑪創始人沃爾頓起初並沒有抓住巨型超市在歐洲、南美洲蓬勃發展的真諦，只是因為美國當時還沒有本國特色的超市和倉儲式商店，沃爾頓才有機會將巴西的巨型超市引入國內，並大獲成功。

　　要想培養聯繫實際的能力，就需要放棄外部形式、內在特質等戰略術語，並以區域性、行業性、公司性思維取而代之。外部形式、內在特質等術語只賦予環境以旁枝末節、可有可無的作用；而區域性、行業性、公司性思維能對模仿目標及其潛在適應性進行內涵豐富而意義深刻的解釋。目前，國際商務課程的取消從側面說明了大多數商務課程無法提供具體的環境背景，因此，公司要想彌補這一缺陷，就需要對員工進行培訓，讓他們在學習模仿的前車之鑑時主動聯繫具體環境。經理既不應建立抽象模型，也不應以過往事件的分析來極度簡化錯綜複雜的現實世界，相反，經理要學會理清具體環境背後的複雜關係，要鍛鍊解決對應問題的分析能力。

5

深度發掘：透過事物表像

　　限量服飾公司董事長表示，面對複雜問題，人們喜歡尋找簡單而淺顯的答案。優秀的模仿者以錯綜複雜為快樂源泉，而平庸的模仿者則不堪其苦。

　　比爾‧迪芬德弗回憶道，天空巴士的投資人非常希望天空巴士能將卓有成效的兩大模型——西南航空和里安航空——合二為一，但是，他們卻沒有看到整合過程中難以調和的矛盾衝突，例如優質服務與廉價成本之間的衝突。航空界的元老都曾注意到西南航空在密集的兩地直航市場佔主導地位，但他們簡單地認為這種點對點模式只適用於這類市場，沒有意識到西南航空的低票價結構恰恰是提高市場密度的首要因素，更沒有意識到西南航空的高生產率讓短程飛行有利可圖。人們對西南航空經營模式的分析過於簡化，致使模型的因果關係模糊不清。大陸航空的一位經理講道：「我們調取了西南航空 10 年的數據，並做了回歸分析。我們當時說，只要我們做好 X，就能得到 Y。我們深信，如果我們的票價也降低這麼多，我們也會有這樣多的客運量。但我們沒有把兩地城市的客運潛力考慮在內。」

　　只重效果而不知方法和過程，就會「盲目模仿有目共睹的倖存者，而不會認真建立層次分明的生存理論」。弄清事物的前因後果，絕非輕而易舉之事。例如，宣威公司董事長兼首席執行官克裏斯‧康納回憶道，他們公司曾經打算模仿一家小型競爭對手柏迪公司(Purdy)的油漆刷子，但沒有成功，隨後數十年又嘗試了多次，但都以失敗而告終，最後只好將這家公司收購合併。

　　要想實施深度發掘，就需要培養相關能力、建設企業文化、制定常規慣例，從而對因果關係進行縝密分析。為了破解複雜模型，認知學就定向模仿提出了分解理論，即先從認知上將某一行為劃分成不同的層面，然後選擇重要的目標層面，再對目標和手段進行等級排序。分解是透過行為剖析來實現的，即將某一活動分割成不同構件，再按照邏輯順序對模仿要素進行理解、採納、捨棄或替換。

　　但如果對各個要素的相互關係不加重視，那麼剖析本身反而會起相反的作用，因此行為剖析之後必須要有整體性認識，即要弄清各個構件，包括不同構件的相互影響，是如何適應整個系統的。要想形成整體性認識，就需要研究各個構件在廣義系統中的作用，確定構件的先後順序，並找出主要的驅動因素。這一過程可謂緊張激烈，雖然嚴格苛刻，但同時又兼收並蓄，況且人們正好也相信這一過程可以通向科學發明。在商業中，這一過程更加困難，因為人們要與很多「趣聞軼事」打交道，而其中又幾乎不涉及真實的經驗例證。

貫徹執行：實現模仿

　　很多經濟學家認為發明與創新是不同的，因為發明不加應用就不會產生影響。請看施樂公司，其帕洛阿爾托研究中心發明了電腦圖形接口、滑鼠和個人數字助理，這些發明,後來證明惠及千家萬戶,卻獨獨沒有給公司帶來利潤。

　　貫徹執行在許多方面是模仿過程的關鍵能力。地處歐洲的颯拉服裝公司(Zara)和其他公司一樣,也在模仿最新的時尚潮流和款式設計：颯拉的優勢在於它能在四週之內將產品推向市場,相比之下,其他公司需要數月時間才能完成這一任務。要想模仿成功,不但需要看透模型公司的行為,還需要相應的行動能力。印尼多家銀行未能從模仿機遇中獲得好處,原因在於它們行動起來毫無章法,例如,它們沒有編制配套的規章制度。

　　在制定行動計劃時,應當把模仿者的各項能力考慮在內,包括需要配置的或重新配置的資源。大陸航空創立大陸快捷航空後,立即從一線指揮所調用了 60 架飛機,可機場還沒有來得及配備相應的備用部件,最後不得不取消航班。另外,貫徹執行必須堅持不懈。山姆·沃爾頓用了數年時間才令自己借鑑的東西臻於完善；微軟公

司在推出 Internet Explorer 瀏覽器，並最終戰勝原創者網景瀏覽器之前，已經發佈過四個產品版本。

組建跨學科團隊可以彙集不同人員的不同視角，不但有利於模仿的貫徹執行，同時也有利於其他模仿過程的實現。凱馬特的高級主管全部來自門店經理，因而知識背景大體相同，相比之下，沃爾瑪創始人沃爾頓在全國各地到處網羅物流、通信等各個領域的專家。這種做法在今天看來顯得尤其重要，因為與日俱增的複雜程度和產品數量(且不說商業模式的數量)需要多種多樣的專業技能。為了改進玉蘭油系列產品的品質，寶潔公司集結各路人馬，共商對策，其中包括皮膚護理部門的員工(熟知面部清潔所需的表面活性劑)和紙巾、毛巾領域的人員(具備基礎物質方面的相關知識)。

另外，這些跨學科團隊更有可能進行自我調整，從而促成範式轉變，例如仿製藥革命。仿製藥革命意味著製藥成本和製藥產量要成為獲利能力的主要原因，然而，成功的仿製藥生產商必須具備節約、精簡和進取的特徵，這與製藥公司追求知識、追求創新的傳統形象截然相反。

沒有參考借鑑，模仿就無法開始，即便開始，接下來的尋找工作也會誤入歧途。沒有審視、尋找、選擇，就談不上聯繫實際。沒有聯繫實際，就無法進行深度發掘，模仿也就無法貫徹執行。

模仿過程不應過於呆板。模仿需要有條有理，更需要融入創意，同時還要看到模仿過程緊張激烈、兼收並蓄和循序漸進的特點。例如，觀察到潛在創意後，往往會有更加充分的審視，因為公司需要進一步查明詳細情況，弄清其他競爭對手是否已經採用該創意，抑

或是推出了更加引人注目的新產品。在貫徹執行初期出現問題又會產生再次深度發掘的需要，進而弄清差池何在。如果這聽起來很像創新，那麼的確如此。前面已經提過，創新與模仿在很多方面是相同的，能否取得競爭優勢就要看能否讓二者和平共處了。

心得欄 _____

_____

_____

_____

_____

_____

第 *9* 章

模仿也會遭遇失敗

對於模仿的結果，往往是，成由模仿，敗亦模仿。

模仿之敗，敗在模仿者只做低層次、簡單和表皮上的模仿，沒有真正學習別人骨子裏的東西，沒有模仿到成功者內核上的關鍵成功因素，沒把模仿對象的靈魂「捉到」自己身上來。

1

不敢嘗試是最大的缺陷

　　一個島上有一群猴子，它們生生世世沒有一個曾到過海邊，沒有一個猴子碰過海水。

　　有一天它們來到海玩耍邊，剛出生的一支小猴先用一隻腳沾了沾清涼的海水，然後另一隻腳也沾了沾，隨後大家發現它竟跳進海水，用兩隻胳膊拍打起海水來，樣子看上去很歡快，它在海水中跑著、跳著，並且還招呼其他猴子跟他一起來玩海水。可是，其他猴子沒有一個敢下水。

　　這看似一個很無聊的故事，卻告訴我們，只有敢於去嘗試，才能夠體會到生命的歡樂。

　　人要勇於嘗試，才能開啟新局面，創造新生活。所謂勇於嘗試，不是教人朝三暮四，忽東忽西，沒有生活目標。勇於嘗試，是要你在關鍵時刻，勇於為自己爭取創造的機會。許多年輕人很保守，不敢勇於嘗試以改變自己，他的生活就變得枯燥、厭倦和無奈，因為他失掉許多創造自身價值的機會。有許多人活得暮氣沉沉，也是由於不敢嘗試所致。還有許多人一直逗留在工作的表層，不能投入其中好好奮鬥一番，這些都源自於不敢嘗試的毛病。學會嘗試，難在

第一步，只要你能突破剛開始的猶豫，就能順利改變自己。學會嘗試，要用理想，更要用毅力、用恒心來培養，水到渠成。實現自己的人生目標，不是靠一時的意氣，而是靠夢想、蓄勁和行動得來。心理學家威廉‧詹姆斯對生涯如是說：「人應該勇敢去嘗試，去換新的工作，去過過不同的生活。」

學會嘗試，必須有所準備，有一套工具，來解決眼前所面對的問題。那些工具包括能力、資源和結緣，你要努力學習和獲得它。作家的工具是文字、思想和態度；企業家的工具是經營能力、資本和眼光；科學家的工具是驚奇、思考和創造。你不能憑空夢想，而應實際行動。

學會嘗試，是成功人生的核心課題。沒有嘗試就沒有學習，沒有嘗試就不能激發熱情，引發努力和堅持。不過，學會嘗試必須注意以下幾個要點：

你要對自己的人生有個夢想；要設法改變你不喜歡的東西，去發覺什麼是自己真正想做的事。不要用「功利」的眼光來安排自己的人生。

人生的事可不是買個速食餐盒，想吃什麼就買什麼。人生需要你長期的經營，你決定了目標，就得有耐心，勤奮地工作，逐步克服困難。

凡事都有得有失，要認清那些是得，那些是失；你要獲得想要的，就得同時忍受一部份得不到的東西，要心甘情願去做已決定的事。記住！十全十美的事只是幻想，不是真實。

新的工作需要新的能力，要設法改掉現有的惡習，培養新的適

應能力，這是成功之道。

不要氣餒，要每天鼓勵自己，讓決心和信心生根。堅持努力的人，成功的機會一定屬於他。

每一個人都要珍惜自己的生涯，要根據自己的興趣，培養所需的能力，去實踐你的夢想。夢想可不是天花亂墜的想法，而是具體的目標。只會空想，沒有落實到生活與工作中，不能持續地成長和努力，這樣永遠得不到快樂的生涯。

人最大的缺陷是不敢夢想、不敢嘗試。大部份的人執著於工作和學習，就自以為失去人生光彩和夢想，而遺忘了自己還可以打開人生的視野。你要當心這個陷阱，設法不被這些成見所障蔽，做一位勇於嘗試的人。

心得欄 _ _ _ _ _ _ _ _ _ _ _ _ _ _ _ _ _ _

_ _

_ _

_ _

_ _

_ _

_ _

2

成由模仿，敗亦模仿

　　正如一個人要快速成長，就必須學習他人的優點一樣，實踐已經證明，學習與模仿優秀企業，在企業發展過程中未嘗不是一件好事，因為透過學習來減少我們摸索規律的成本，模仿就是最好的學習方法之一。

　　在企業發展進程上，很多後來成功的企業，都曾經或者依然把模仿戰略作為一個重要策略。先向已經成功的企業學習，看看人家在成功的道路上都有那些是反映了現實的規律，那些是仍然起作用的，那些可能是不再起作用的，就此而言，絕大多數戰略創新，其實很大程度是向別人學習的結果，模仿或創新是一個問題的兩面。

◎成由模仿

　　當我們提出模仿是企業發展過程中的一個不可跳躍的階段時，即使有無數企業已經「把模仿進行到底」了，但還是有相當一部份人疑惑：模仿是否是學習優秀企業的一種好方法？

　　然而，種種事實已經足以告訴我們：模仿戰略無疑是任何公司

都值得選擇的一種競爭手段——即透過學習來減少我們摸索規律的成本，模仿就是一種最好的學習方法。

當今世界上的大多數優秀公司，無論是國外的 GE、可口可樂，都是透過模仿其他優秀公司提高自身競爭力的典範，比如 GE 向摩托羅拉學習六西格瑪，可口可樂向寶潔學習客戶研究，海爾學過新力的製造，聯想幾乎是在 HP 模式下長大的，萬科也曾經將新力、新鴻基作為榜樣。

模仿即先向已經成功者學習，看看人家成功的道路上都有那些是反映了現實的規律，那些是仍然起作用的，那些可能是不再起作用的。就此而言，絕大多數創新，其實很大程度上是向別人學習的結果，模仿或創新其實是一個問題的兩面罷了。

真正搞懂別人之後，模仿其實不比創新更容易，所以，大部份優秀企業在研究了標杆企業的做法之後，大多不是模仿，而是選擇了創新。因為與其我去一步一步地學你，不如我自己照著道理做。只有那些不在規律意義上的模仿，比如技術模仿，或者做法模仿，才是低成本的，但這種模仿是比較低層次的模仿，其目的往往是為了獲得一時的優勢或縮小一時的差距。優秀的公司不會總在這種層次上學習的。

就如同模仿或學習三星，就如同聯想當年模仿或學習 HP，都是在規律意義上的模仿，學習對方對待消費者、學習對方如何透過內在變革重塑競爭優勢。這種層次的模仿最後往往都會轉化為自己的獨特模式，甚至後來反過來超過了老師。今天的三星就超過了自己當年的標杆企業新力。

◎敗亦模仿

當一個人或一個企業甚至一個國家處於落後位置時，全方位地去模仿一些比我們優秀的人、企業和國家，這是個不可跳躍的階段。日本、韓國都曾這樣走過，只是更「立體化」些，從最高水準(學習把握規律)到最低水準(學習外在形式)都有。

模仿優秀者，使得有一部份人已經成為了優秀者，但也有相當一部人並沒有真正成功，還在成功的大門外徘徊，甚至背道而馳：而在學習與模仿的企業裏，有的企業如今已經成長為國內乃至國際上的優秀企業，但更多的是成長緩慢甚至已經失敗了。這是否說明模仿者只能使很小一部份人或企業成功呢？

事實上，任何事物都有兩面性，只是我們如何利用其好的一面，而儘量避免其不利一面的影響而已。也就是說，對於模仿的結果，往往是，成由模仿，敗亦模仿。

例如，當當網只是在亞馬遜網上圖書這一點上是模仿，其他都是當當網不具備的。因此，當當的成功模式，目前還是比較容易被別人複製的，所以，當當需要建立更多不容易甚至無法被別人模仿的東西，才能走得更遠。通常，成功在於模仿別人，失敗也在於被別人模仿。

模仿之敗，敗在模仿者只做低層次、簡單和表皮上的模仿，沒有真正學習別人骨子裏的東西，沒有模仿到成功者內核上的關鍵成功因素，沒把模仿對象的靈魂「捉到」自己身上來。

模仿的失敗，通常都是低層次模仿的結果。

心得欄 _____

_____

_____

_____

_____

_____

3

將超級模仿進行到底

大科學家牛頓也說過：「我之所以比前人看得更遠，就是因為我站在了巨人的肩膀上。」這不是謙虛，而是這位科學家實事求是的大實話。

最典型而且著名的發明要算是瓦特先生的蒸汽機了，但是，如果沒有紐科曼製造的蒸汽機作為參考，瓦特的蒸汽機是不是能夠發明出來都是一個問題。因此，瓦特先生也很誠懇地說道：「我不是一個發明家，我只是一個改良家。」

一切發明創造都是如此，這如同一步登不上珠穆朗瑪峰一樣，所謂發明創造就是在前人智慧的基礎上所進行的不斷改良而已。

常言說得好：「模仿產生創新」、「模仿乃是創新的第一步」、「創造力強者，無不巧於模仿」。

我們有理由給自己以自信，讓自己將模仿進行到底。

當我們在進行發明創造並遇到問題時，應該努力地去研究古今中外與其相似的事物，如此，我們就能夠獲得兩方面的好處。一方面，我們可以少走很多彎路，因為我們能夠把別人「失敗的教訓」變成為自己「成功的經驗」；另一方面，我們能夠模仿的就儘量地

模仿。在這樣的基礎上，那怕我們只是進行了 1%的改良也是好成績。

只要我們能夠將超級模仿進行到底，我們即使如今仍然處於落後地位，或者是弱勢，但我們也必然會有崛起和做大的一天。

事實上，無數行之有效的模仿方法，它們足以讓我們如何處於跟隨者的位置，卻能夠透過學習、借鑑與模仿，不斷積累自己的力量，最後產生巨大的後發優勢。

我們要做到後來者居上，惟一的道路就是，將超級模仿進行到底！

◎你一定要開始重視超級模仿了

如果你已經開始重視「超級模仿」了，那麼，我恭喜你，因為你開始走向成功啦。如果你仍然對模仿這種有效的方法感觸不大甚至無動於衷，那麼，再次建議你，重視起模仿來。因為我們的目標是，將超級模仿進行到底！

看過了這本書，你會模仿了嗎？無論你如今的感受是什麼，我都很希望與你一起重溫一下方法。這樣對你將會有極大的幫助。也許，你還是不大重視模仿，但是，不起眼的模仿往往能夠給你帶來意想不到的機遇、財富和驚喜。

美國加利福尼亞州的大企業家約瑟夫，小時候原本是一位牧羊童。小學畢業後，由於家境貧寒，他沒能繼續上學，於是他只好一邊牧羊，一邊想辦法讀書。仿佛老天爺也很喜歡考驗

他，在他讀書時，牲口經常會撞倒那些鐵絲圍成的牧柵欄，成群地跑到附近的田裏去損害農作物。

後來，他發現了一段牧柵種著的薔薇，雖然看起來很脆弱，卻從來沒有被破壞過。於是，他很好奇地去觀察，結果發現了原因：「對啦，因為薔薇有刺！」他便挖了一些薔薇枝栽種在牧柵旁邊。但他立刻就發現，用薔薇做牧柵太費時間啦，少說也得兩三年才能夠成長為柵欄，而自己現在需要的是能夠創造出讀書的條件。這一問題開始在他腦海裏沉思。幾天後，一種想法觸動了他——為什麼不模仿薔薇的刺去做「鐵刺」纏在鐵絲柵欄上呢？想到就做，他馬上行動，當天就完成了。就這樣他發明了有刺鐵絲。後來，他又對刺的裝法進行了改良。

剛開始，他並沒有想到，一次意外的「模仿」卻給他帶來了機遇——原來曾經責罵過約瑟夫在牧羊時看書的老闆看到他的發明非常受各方面人士的稱讚，便當機立斷地投資生產，果然，各地訂單紛紛而來。約瑟夫也因此獲得了美國的發明專利權。後來，這種帶刺鐵絲還引起了美國陸軍總部的重視，直到發展為把它利用為戰地防線。這又為約瑟夫帶來了一筆更為可觀的收入。

你去翻翻發明史就知道了，這項由模仿開始的創新發明，確實留下了濃墨重彩的一筆。

約瑟夫的經歷，是否在你心中泛起一些羨慕了呢？其實。你也可以遇得到如此「奇遇」，只要你能夠將我們提倡的「超級模仿」進行到底的話。機遇就存在於每一件事情上，只要你做到位了。

　　牛頓說過他取得偉大的成就，原因就是站在巨人的肩上。很多人都知道這句話，但是不見得每個人都去實踐過。很多成就並沒有我們想像的那麼難，我們做不到，是因為我們連模仿的勇氣，甚至連邁出一步的行動都沒有！

　　將模仿進行到底吧，它必將助你成就一個又一個輝煌。有些人以為，模仿只是幼年、童年或少年時代的事情，到了成年就不用再模仿了，甚至恥於模仿、反對模仿。這歸根到底還是由於他們沒有從本質上認識到模仿的意義。

　　貝多芬的音樂創作對近代西洋音樂的發展有著深遠的影響，但是，你知道嗎，他的不朽作品是怎樣產生的？他是繼承了海頓、莫札特的傳統，吸取了法國大革命時期的音樂成果，集古典派的大成，從而再創造出來的。特別是《第九交響曲》中的第四樂章《歡樂頌》的合唱，是模仿法國作曲家卡比尼創作歌曲的結果。貝多芬在這裏的模仿，既有思想模仿，又有音樂於風格的模仿，還有作曲技法上的模仿。

　　就連貝多芬都能夠將模仿進行到底，何況我們呢？

　　讓我們一起行動吧，你想要的一切，都在不遠的前方等你！

臺灣的核心競爭力，就在這裏！

圖 書 出 版 目 錄

下列圖書是由憲業企管顧問（集團）公司所出版，以專業立場，為企業界提供最專業的各種經營管理類圖書。

1. 傳播書香社會，凡向本出版社購買（或郵局劃撥購買），一律 9 折優惠。
   服務電話(02) 27622241 (03) 9310960 傳真 (02) 27620377
2. 請將書款用 ATM 自動扣款轉帳到我公司下列的銀行帳戶。
   銀行名稱：合作金庫銀行　帳號：**5034-717-347447**
   公司名稱：憲業企管顧問有限公司
3. 郵局劃撥號碼：**18410591**　郵局劃撥戶名：憲業企管顧問公司
4. 圖書出版資料隨時更新，請見網站　**www.bookstore99.com**

～～～ 經營顧問叢書 ～～～

13	營業管理高手（上）	一套		52	堅持一定成功	360 元
14	營業管理高手（下）	500 元		56	對準目標	360 元
16	中國企業大勝敗	360 元		58	大客戶行銷戰略	360 元
18	聯想電腦風雲錄	360 元		60	寶潔品牌操作手冊	360 元
19	中國企業大競爭	360 元		72	傳銷致富	360 元
21	搶灘中國	360 元		73	領導人才培訓遊戲	360 元
25	王永慶的經營管理	360 元		76	如何打造企業贏利模式	360 元
26	松下幸之助經營技巧	360 元		77	財務查帳技巧	360 元
32	企業併購技巧	360 元		78	財務經理手冊	360 元
33	新產品上市行銷案例	360 元		79	財務診斷技巧	360 元
46	營業部門管理手冊	360 元		80	內部控制實務	360 元
47	營業部門推銷技巧	390 元		81	行銷管理制度化	360 元

82	財務管理制度化	360 元	148	六步打造培訓體系	360 元
83	人事管理制度化	360 元	149	展覽會行銷技巧	360 元
84	總務管理制度化	360 元	150	企業流程管理技巧	360 元
85	生產管理制度化	360 元	152	向西點軍校學管理	360 元
86	企劃管理制度化	360 元	154	領導你的成功團隊	360 元
91	汽車販賣技巧大公開	360 元	155	頂尖傳銷術	360 元
97	企業收款管理	360 元	156	傳銷話術的奧妙	360 元
100	幹部決定執行力	360 元	160	各部門編制預算工作	360 元
106	提升領導力培訓遊戲	360 元	163	只為成功找方法，不為失敗找藉口	360 元
112	員工招聘技巧	360 元	167	網路商店管理手冊	360 元
113	員工績效考核技巧	360 元	168	生氣不如爭氣	360 元
114	職位分析與工作設計	360 元	170	模仿就能成功	350 元
116	新產品開發與銷售	400 元	171	行銷部流程規範化管理	360 元
122	熱愛工作	360 元	172	生產部流程規範化管理	360 元
124	客戶無法拒絕的成交技巧	360 元	174	行政部流程規範化管理	360 元
125	部門經營計劃工作	360 元	176	每天進步一點點	350 元
127	如何建立企業識別系統	360 元	180	業務員疑難雜症與對策	360 元
129	邁克爾・波特的戰略智慧	360 元	181	速度是贏利關鍵	360 元
130	如何制定企業經營戰略	360 元	183	如何識別人才	360 元
132	有效解決問題的溝通技巧	360 元	184	找方法解決問題	360 元
135	成敗關鍵的談判技巧	360 元	185	不景氣時期，如何降低成本	360 元
137	生產部門、行銷部門績效考核手冊	360 元	186	營業管理疑難雜症與對策	360 元
138	管理部門績效考核手冊	360 元	187	廠商掌握零售賣場的竅門	360 元
139	行銷機能診斷	360 元	188	推銷之神傳世技巧	360 元
140	企業如何節流	360 元	189	企業經營案例解析	360 元
141	責任	360 元	191	豐田汽車管理模式	360 元
142	企業接棒人	360 元	192	企業執行力（技巧篇）	360 元
144	企業的外包操作管理	360 元	193	領導魅力	360 元
146	主管階層績效考核手冊	360 元	197	部門主管手冊(增訂四版)	360 元
147	六步打造績效考核體系	360 元	198	銷售說服技巧	360 元

199	促銷工具疑難雜症與對策	360元	237	總經理如何領導成功團隊	360元
200	如何推動目標管理（第三版）	390元	238	總經理如何熟悉財務控制	360元
201	網路行銷技巧	360元	239	總經理如何靈活調動資金	360元
202	企業併購案例精華	360元	240	有趣的生活經濟學	360元
204	客戶服務部工作流程	360元	241	業務員經營轄區市場（增訂二版）	360元
206	如何鞏固客戶（增訂二版）	360元			
207	確保新產品開發成功(增訂三版)	360元	242	搜索引擎行銷	360元
208	經濟大崩潰	360元	243	如何推動利潤中心制度（增訂二版）	360元
209	鋪貨管理技巧	360元			
210	商業計劃書撰寫實務	360元	244	經營智慧	360元
212	客戶抱怨處理手冊(增訂二版)	360元	245	企業危機應對實戰技巧	360元
214	售後服務處理手冊(增訂三版)	360元	246	行銷總監工作指引	360元
215	行銷計劃書的撰寫與執行	360元	247	行銷總監實戰案例	360元
216	內部控制實務與案例	360元	248	企業戰略執行手冊	360元
217	透視財務分析內幕	360元	249	大客戶搖錢樹	360元
219	總經理如何管理公司	360元	250	企業經營計劃〈增訂二版〉	360元
222	確保新產品銷售成功	360元	251	績效考核手冊	360元
223	品牌成功關鍵步驟	360元	252	營業管理實務（增訂二版）	360元
224	客戶服務部門績效量化指標	360元	253	銷售部門績效考核量化指標	360元
226	商業網站成功密碼	360元	254	員工招聘操作手冊	360元
228	經營分析	360元	255	總務部門重點工作（增訂二版）	360元
229	產品經理手冊	360元			
230	診斷改善你的企業	360元	256	有效溝通技巧	360元
231	經銷商管理手冊(增訂三版)	360元	257	會議手冊	360元
232	電子郵件成功技巧	360元	258	如何處理員工離職問題	360元
233	喬·吉拉德銷售成功術	360元	259	提高工作效率	360元
234	銷售通路管理實務〈增訂二版〉	360元	260	贏在細節管理	360元
			261	員工招聘性向測試方法	360元
235	求職面試一定成功	360元	262	解決問題	360元
236	客戶管理操作實務〈增訂二版〉	360元	263	微利時代制勝法寶	360元

----------→ 各書詳細內容資料，請見：www.bookstore99.com-----------→

264	如何拿到 VC（風險投資）的錢	360 元
265	如何撰寫職位說明書	360 元
267	促銷管理實務〈增訂五版〉	360 元
268	顧客情報管理技巧	360 元
269	如何改善企業組織績效〈增訂二版〉	360 元
270	低調才是大智慧	360 元
272	主管必備的授權技巧	360 元
274	人力資源部流程規範化管理（增訂三版）	360 元
275	主管如何激勵部屬	360 元
276	輕鬆擁有幽默口才	360 元
277	各部門年度計劃工作（增訂二版）	360 元
278	面試主考官工作實務	360 元
279	總經理重點工作（增訂二版）	360 元
282	如何提高市場佔有率（增訂二版）	360 元
283	財務部流程規範化管理（增訂二版）	360 元
284	時間管理手冊	360 元
285	人事經理操作手冊（增訂二版）	360 元
286	贏得競爭優勢的模仿戰略	360 元
287	電話推銷培訓教材（增訂三版）	360 元

《商店叢書》

4	餐飲業操作手冊	390 元
5	店員販賣技巧	360 元
10	賣場管理	360 元

12	餐飲業標準化手冊	360 元
13	服飾店經營技巧	360 元
18	店員推銷技巧	360 元
19	小本開店術	360 元
20	365 天賣場節慶促銷	360 元
29	店員工作規範	360 元
30	特許連鎖業經營技巧	360 元
32	連鎖店操作手冊（增訂三版）	360 元
33	開店創業手冊〈增訂二版〉	360 元
34	如何開創連鎖體系〈增訂二版〉	360 元
35	商店標準操作流程	360 元
36	商店導購口才專業培訓	360 元
37	速食店操作手冊〈增訂二版〉	360 元
38	網路商店創業手冊〈增訂二版〉	360 元
39	店長操作手冊（增訂四版）	360 元
40	商店診斷實務	360 元
41	店鋪商品管理手冊	360 元
42	店員操作手冊（增訂三版）	360 元
43	如何撰寫連鎖業營運手冊〈增訂二版〉	360 元
44	店長如何提升業績〈增訂二版〉	360 元
45	向肯德基學習連鎖經營〈增訂二版〉	360 元
46	連鎖店督導師手冊	360 元
47	賣場如何經營會員制俱樂部	360 元

《工廠叢書》

5	品質管理標準流程	380 元
9	ISO 9000 管理實戰案例	380 元
10	生產管理制度化	360 元
11	ISO 認證必備手冊	380 元
12	生產設備管理	380 元
13	品管員操作手冊	380 元
15	工廠設備維護手冊	380 元
16	品管圈活動指南	380 元
17	品管圈推動實務	380 元
20	如何推動提案制度	380 元
24	六西格瑪管理手冊	380 元
30	生產績效診斷與評估	380 元
32	如何藉助 IE 提升業績	380 元
35	目視管理案例大全	380 元
38	目視管理操作技巧(增訂二版)	380 元
40	商品管理流程控制(增訂二版)	380 元
42	物料管理控制實務	380 元
46	降低生產成本	380 元
47	物流配送績效管理	380 元
49	6S 管理必備手冊	380 元
50	品管部經理操作規範	380 元
51	透視流程改善技巧	380 元
55	企業標準化的創建與推動	380 元
56	精細化生產管理	380 元
57	品質管制手法〈增訂二版〉	380 元
58	如何改善生產績效〈增訂二版〉	380 元
60	工廠管理標準作業流程	380 元
62	採購管理工作細則	380 元
63	生產主管操作手冊(增訂四版)	380 元
64	生產現場管理實戰案例〈增訂二版〉	380 元
65	如何推動 5S 管理（增訂四版）	380 元
67	生產訂單管理步驟〈增訂二版〉	380 元
68	打造一流的生產作業廠區	380 元
70	如何控制不良品〈增訂二版〉	380 元
71	全面消除生產浪費	380 元
72	現場工程改善應用手冊	380 元
73	部門績效考核的量化管理（增訂四版）	380 元
74	採購管理實務〈增訂四版〉	380 元
75	生產計劃的規劃與執行	380 元
76	如何管理倉庫（增訂六版）	380 元

《醫學保健叢書》

1	9 週加強免疫能力	320 元
3	如何克服失眠	320 元
4	美麗肌膚有妙方	320 元
5	減肥瘦身一定成功	360 元
6	輕鬆懷孕手冊	360 元
7	育兒保健手冊	360 元
8	輕鬆坐月子	360 元
11	排毒養生方法	360 元
12	淨化血液　強化血管	360 元
13	排除體內毒素	360 元
14	排除便秘困擾	360 元
15	維生素保健全書	360 元
16	腎臟病患者的治療與保健	360 元

17	肝病患者的治療與保健	360 元
18	糖尿病患者的治療與保健	360 元
19	高血壓患者的治療與保健	360 元
22	給老爸老媽的保健全書	360 元
23	如何降低高血壓	360 元
24	如何治療糖尿病	360 元
25	如何降低膽固醇	360 元
26	人體器官使用說明書	360 元
27	這樣喝水最健康	360 元
28	輕鬆排毒方法	360 元
29	中醫養生手冊	360 元
30	孕婦手冊	360 元
31	育兒手冊	360 元
32	幾千年的中醫養生方法	360 元
33	免疫力提升全書	360 元
34	糖尿病治療全書	360 元
35	活到120歲的飲食方法	360 元
36	7天克服便秘	360 元
37	為長壽做準備	360 元
38	生男生女有技巧〈增訂二版〉	360 元
39	拒絕三高有方法	360 元
40	一定要懷孕	360 元

《培訓叢書》

4	領導人才培訓遊戲	360 元
8	提升領導力培訓遊戲	360 元
11	培訓師的現場培訓技巧	360 元
12	培訓師的演講技巧	360 元
14	解決問題能力的培訓技巧	360 元
15	戶外培訓活動實施技巧	360 元

16	提升團隊精神的培訓遊戲	360 元
17	針對部門主管的培訓遊戲	360 元
18	培訓師手冊	360 元
19	企業培訓遊戲大全(增訂二版)	360 元
20	銷售部門培訓遊戲	360 元
21	培訓部門經理操作手冊（增訂三版）	360 元
22	企業培訓活動的破冰遊戲	360 元
23	培訓部門流程規範化管理	360 元

《傳銷叢書》

4	傳銷致富	360 元
5	傳銷培訓課程	360 元
7	快速建立傳銷團隊	360 元
10	頂尖傳銷術	360 元
11	傳銷話術的奧妙	360 元
12	現在輪到你成功	350 元
13	鑽石傳銷商培訓手冊	350 元
14	傳銷皇帝的激勵技巧	360 元
15	傳銷皇帝的溝通技巧	360 元
17	傳銷領袖	360 元
18	傳銷成功技巧（增訂四版）	360 元
19	傳銷分享會運作範例	360 元

《幼兒培育叢書》

1	如何培育傑出子女	360 元
2	培育財富子女	360 元
3	如何激發孩子的學習潛能	360 元
4	鼓勵孩子	360 元
5	別溺愛孩子	360 元
6	孩子考第一名	360 元
7	父母要如何與孩子溝通	360 元

8	父母要如何培養孩子的好習慣	360 元
9	父母要如何激發孩子學習潛能	360 元
10	如何讓孩子變得堅強自信	360 元

《成功叢書》

1	猶太富翁經商智慧	360 元
2	致富鑽石法則	360 元
3	發現財富密碼	360 元

《企業傳記叢書》

1	零售巨人沃爾瑪	360 元
2	大型企業失敗啟示錄	360 元
3	企業併購始祖洛克菲勒	360 元
4	透視戴爾經營技巧	360 元
5	亞馬遜網路書店傳奇	360 元
6	動物智慧的企業競爭啟示	320 元
7	CEO 拯救企業	360 元
8	世界首富　宜家王國	360 元
9	航空巨人波音傳奇	360 元
10	傳媒併購大亨	360 元

《智慧叢書》

1	禪的智慧	360 元
2	生活禪	360 元
3	易經的智慧	360 元
4	禪的管理大智慧	360 元
5	改變命運的人生智慧	360 元
6	如何吸取中庸智慧	360 元
7	如何吸取老子智慧	360 元
8	如何吸取易經智慧	360 元
9	經濟大崩潰	360 元
10	有趣的生活經濟學	360 元

11	低調才是大智慧	360 元

《DIY 叢書》

1	居家節約竅門 DIY	360 元
2	愛護汽車 DIY	360 元
3	現代居家風水 DIY	360 元
4	居家收納整理 DIY	360 元
5	廚房竅門 DIY	360 元
6	家庭裝修 DIY	360 元
7	省油大作戰	360 元

《財務管理叢書》

1	如何編制部門年度預算	360 元
2	財務查帳技巧	360 元
3	財務經理手冊	360 元
4	財務診斷技巧	360 元
5	內部控制實務	360 元
6	財務管理制度化	360 元
8	財務部流程規範化管理	360 元
9	如何推動利潤中心制度	360 元

 為方便讀者選購，本公司將一部分上述圖書又加以專門分類如下：

《企業制度叢書》

1	行銷管理制度化	360 元
2	財務管理制度化	360 元
3	人事管理制度化	360 元
4	總務管理制度化	360 元
5	生產管理制度化	360 元
6	企劃管理制度化	360 元

《主管叢書》

1	部門主管手冊	360 元
2	總經理行動手冊	360 元

4	生產主管操作手冊	380 元
5	店長操作手冊（增訂版）	360 元
6	財務經理手冊	360 元
7	人事經理操作手冊	360 元
8	行銷總監工作指引	360 元
9	行銷總監實戰案例	360 元

《總經理叢書》

1	總經理如何經營公司(增訂二版)	360 元
2	總經理如何管理公司	360 元
3	總經理如何領導成功團隊	360 元
4	總經理如何熟悉財務控制	360 元
5	總經理如何靈活調動資金	360 元

《人事管理叢書》

1	人事管理制度化	360 元
2	人事經理操作手冊	360 元
3	員工招聘技巧	360 元
4	員工績效考核技巧	360 元
5	職位分析與工作設計	360 元
7	總務部門重點工作	360 元
8	如何識別人才	360 元
9	人力資源部流程規範化管理（增訂三版）	360 元
10	員工招聘操作手冊	360 元
11	如何處理員工離職問題	360 元

《理財叢書》

1	巴菲特股票投資忠告	360 元
2	受益一生的投資理財	360 元
3	終身理財計劃	360 元
4	如何投資黃金	360 元
5	巴菲特投資必贏技巧	360 元
6	投資基金賺錢方法	360 元
7	索羅斯的基金投資必贏忠告	360 元
8	巴菲特為何投資比亞迪	360 元

《網路行銷叢書》

1	網路商店創業手冊〈增訂二版〉	360 元
2	網路商店管理手冊	360 元
3	網路行銷技巧	360 元
4	商業網站成功密碼	360 元
5	電子郵件成功技巧	360 元
6	搜索引擎行銷	360 元

《企業計劃叢書》

1	企業經營計劃〈增訂二版〉	360 元
2	各部門年度計劃工作	360 元
3	各部門編制預算工作	360 元
4	經營分析	360 元
5	企業戰略執行手冊	360 元

《經濟叢書》

1	經濟大崩潰	360 元
2	石油戰爭揭秘(即將出版)	

使用培訓、提升企業競爭力是萬無一失、事半功倍的方法。其效果更具有超大的「投資報酬力」！

好消息

最 暢 銷 的 商 店 叢 書

名稱	特價	名稱	特價
4 餐飲業操作手冊	390 元	35 商店標準操作流程	360 元
5 店員販賣技巧	360 元	36 商店導購口才專業培訓	360 元
10 賣場管理	360 元	37 速食店操作手冊〈增訂二版〉	360 元
12 餐飲業標準化手冊	360 元	38 網路商店創業手冊〈增訂二版〉	360 元
13 服飾店經營技巧	360 元	39 店長操作手冊（增訂四版）	360 元
18 店員推銷技巧	360 元	40 商店診斷實務	360 元
19 小本開店術	360 元	41 店鋪商品管理手冊	360 元
20 365 天賣場節慶促銷	360 元	42 店員操作手冊（增訂三版）	360 元
29 店員工作規範	360 元	43 如何撰寫連鎖業營運手冊〈增訂二版〉	360 元
30 特許連鎖業經營技巧	360 元	44 店長如何提升業績〈增訂二版〉	360 元
32 連鎖店操作手冊（增訂三版）	360 元	45 向肯德基學習連鎖經營〈增訂二版〉	360 元
33 開店創業手冊〈增訂二版〉	360 元	46 連鎖店督導師手冊	360 元
34 如何開創連鎖體系〈增訂二版〉	360 元	47 賣場如何經營會員制俱樂部	360 元

上述各書均有在書店陳列販賣，若書店賣完而來不及由庫存書補充上架，請讀者直接向店員詢問、購買，最快速、方便！**購買方法如下：**

銀行名稱：合作金庫銀行　敦南分行(代碼：006)

帳號：5034-717-347-447

公司名稱：憲業企管顧問有限公司

郵局劃撥帳號：18410591

使用培訓、提升企業競爭力是萬無一
失、事半功倍的方法。其效果更具有超大的
「投資報酬力」！

好消息

最 暢 銷 的 工 廠 叢 書

名稱	特價	名稱	特價
5 品質管理標準流程	380 元	50 品管部經理操作規範	380 元
9 ISO 9000 管理實戰案例	380 元	51 透視流程改善技巧	380 元
10 生產管理制度化	360 元	55 企業標準化的創建與推動	380 元
11 ISO 認證必備手冊	380 元	56 精細化生產管理	380 元
12 生產設備管理	380 元	57 品質管制手法〈增訂二版〉	380 元
13 品管員操作手冊	380 元	58 如何改善生產績效〈增訂二版〉	380 元
15 工廠設備維護手冊	380 元	60 工廠管理標準作業流程	380 元
16 品管圈活動指南	380 元	62 採購管理工作細則	380 元
17 品管圈推動實務	380 元	63 生產主管操作手冊（增訂四版）	380 元
20 如何推動提案制度	380 元	64 生產現場管理實戰案例〈增訂二版〉	380 元
24 六西格瑪管理手冊	380 元	65 如何推動 5S 管理（增訂四版）	380 元
30 生產績效診斷與評估	380 元	67 生產訂單管理步驟〈增訂二版〉	380 元
32 如何藉助 IE 提升業績	380 元	68 打造一流的生產作業廠區	380 元
35 目視管理案例大全	380 元	70 如何控制不良品〈增訂二版〉	380 元
38 目視管理操作技巧（增訂二版）	380 元	71 全面消除生產浪費	380 元
40 商品管理流程控制（增訂二版）	380 元	72 現場工程改善應用手冊	380 元
42 物料管理控制實務	380 元	73 部門績效考核的量化管理（增訂四版）	380 元
46 降低生產成本	380 元	74 採購管理實務〈增訂四版〉	380 元
47 物流配送績效管理	380 元	75 生產計劃的規劃與執行	380 元
49 6S 管理必備手冊	380 元	76 如何管理倉庫（增訂六版）	380 元

上述各書均有在書店陳列販賣，若書店賣完而來不及由庫存書補充上架，請讀者

直接向店員詢問、購買，最快速、方便！購買方法如下：

銀行名稱：合作金庫銀行 敦南分行(代碼：006)

帳號：5034-717-347-447

公司名稱：憲業企管顧問有限公司

郵局劃撥帳號：18410591

使用培訓、提升企業競爭力是萬無一失、事半功倍的方法。其效果更具有超大的「投資報酬力」！

好消息

最 暢 銷 的 培 訓 叢 書

名稱	特價	名稱	特價
4 領導人才培訓遊戲	360 元	17 針對部門主管的培訓遊戲	360 元
8 提升領導力培訓遊戲	360 元	18 培訓師手冊	360 元
11 培訓師的現場培訓技巧	360 元	19 企業培訓遊戲大全（增訂二版）	360 元
12 培訓師的演講技巧	360 元	20 銷售部門培訓遊戲	360 元
14 解決問題能力的培訓技巧	360 元	21 培訓部門經理操作手冊（增訂三版）	360 元
15 戶外培訓活動實施技巧	360 元	22 企業培訓活動的破冰遊戲	360 元
16 提升團隊精神的培訓遊戲	360 元	23 培訓部門流程規範化管理	360 元

上述各書均有在書店陳列販賣，若書店賣完而來不及由庫存書補充上架，請讀者直接向店員詢問、購買，最快速、方便！購買方法如下：

銀行名稱：合作金庫銀行 敦南分行（代碼：006）

帳號：5034-717-347-447

公司名稱：憲業企管顧問有限公司

郵局劃撥帳號：18410591

使用培訓、提升企業競爭力是萬無一失、事半功倍的方法。其效果更具有超大的「投資報酬力」！

好消息

最 暢 銷 的 傳 銷 叢 書

名稱	特價	名稱	特價
4 傳銷致富	360 元	13 鑽石傳銷商培訓手冊	350 元
5 傳銷培訓課程	360 元	14 傳銷皇帝的激勵技巧	360 元
7 快速建立傳銷團隊	360 元	15 傳銷皇帝的溝通技巧	360 元
10 頂尖傳銷術	360 元	17 傳銷領袖	360 元
11 傳銷話術的奧妙	360 元	18 傳銷成功技巧（增訂四版）	360 元
12 現在輪到你成功	350 元	19 傳銷分享會運作範例	360 元

上述各書均有在書店陳列販賣，若書店賣完而來不及由庫存書補充上架，請讀者直接向店員詢問、購買，最快速、方便！購買方法如下：

銀行名稱：合作金庫銀行 敦南分行(代碼：006)

帳號：5034-717-347-447

公司名稱：憲業企管顧問有限公司

郵局劃撥帳號：18410591

使用培訓、提升企業競爭力是萬無一失、事半功倍的方法。其效果更具有超大的「投資報酬力」！

好消息

最 暢 銷 的 醫 學 保 健 叢 書

名稱	特價	名稱	特價
1 9 週加強免疫能力	320 元	24 如何治療糖尿病	360 元
3 如何克服失眠	320 元	25 如何降低膽固醇	360 元
4 美麗肌膚有妙方	320 元	26 人體器官使用說明書	360 元
5 減肥瘦身一定成功	360 元	27 這樣喝水最健康	360 元
6 輕鬆懷孕手冊	360 元	28 輕鬆排毒方法	360 元
7 育兒保健手冊	360 元	29 中醫養生手冊	360 元
8 輕鬆坐月子	360 元	30 孕婦手冊	360 元
11 排毒養生方法	360 元	31 育兒手冊	360 元
12 淨化血液　強化血管	360 元	32 幾千年的中醫養生方法	360 元
13 排除體內毒素	360 元	33 免疫力提升全書	360 元
14 排除便秘困擾	360 元	34 糖尿病治療全書	360 元
15 維生素保健全書	360 元	35 活到 120 歲的飲食方法	360 元
16 腎臟病患者的治療與保健	360 元	367 天克服便秘	360 元
17 肝病患者的治療與保健	360 元	37 為長壽做準備	360 元
18 糖尿病患者的治療與保健	360 元	38 生男生女有技巧〈增訂二版〉	360 元
19 高血壓患者的治療與保健	360 元	39 拒絕三高有方法	360 元
22 給老爸老媽的保健全書	360 元	40 一定要懷孕	360 元
23 如何降低高血壓	360 元		

上述各書均有在書店陳列販賣，若書店賣完而來不及由庫存書補充上架，請讀者直接向店員詢問、購買，最快速、方便！購買方法如下：

銀行名稱：合作金庫銀行 敦南分行(代碼：006)

帳號：5034-717-347-447

公司名稱：憲業企管顧問有限公司

郵局劃撥帳號：18410591

建立企業圖書館

當市場競爭激烈時：

培訓員工，強化員工競爭力
是企業最佳對策

「人才」是企業最大的財富。如何提升人才，是企業永續經營、戰勝對手的核心競爭力。積極培訓公司內部員工，是經濟不景氣時期的最佳戰略，而最快速的具體作法，就是「**建立企業內部圖書館，鼓勵員工多閱讀、多進修專業書藉**」

建議您：請一次購足本公司所出版各種經營管理類圖書，作為貴公司內部員工培訓圖書。使用率高的（例如「贏在細節管理」），準備 3 本；使用率低的（例如「工廠設備維護手冊」），只買 1 本。

經營顧問叢書 ㉘⑥   售價：360 元

贏得競爭優勢的模仿戰略

西元二〇一二年五月   初版一刷

編輯指導：黃憲仁

編著：鄧建豪

策劃：麥可國際出版有限公司（新加坡）

編輯：蕭玲

校對：劉飛娟

發行人：黃憲仁

發行所：憲業企管顧問有限公司

電話：(02) 2762-2241   (03) 9310960   0930872873

臺北聯絡處：臺北郵政信箱第 36 之 1100 號

銀行 ATM 轉帳：合作金庫銀行   帳號：5034-717-347447

郵政劃撥：18410591   憲業企管顧問有限公司

江祖平律師顧問：紙品書、數位書著作權與版權均歸本公司所有

登記證：行政業新聞局版台業字第 6380 號

本公司徵求海外版權出版代理商（0930872873）